Terapia Cognitivo-Comportamentale

La migliore strategia per gestire l'ansia e la depressione per sempre

Alberto Pinguelli

che digitali e audio, a meno che il consenso esplicito dell'Editore sia fornito in anticipo. Qualsiasi diritto aggiuntivo è riservato.

Inoltre, le informazioni che si possono trovare all'interno delle pagine descritte qui di seguito devono essere considerate sia accurate che veritiere quando si tratta di raccontare i fatti. Come tale, qualsiasi uso, corretto o scorretto, delle informazioni fornite renderà l'editore libero da responsabilità per quanto riguarda le azioni intraprese al di fuori della sua diretta competenza. Indipendentemente da ciò, non ci sono scenari in cui l'autore originale o l'editore possono essere ritenuti responsabili in qualsiasi modo per eventuali danni o difficoltà che possono derivare da una qualsiasi delle informazioni discusse nel presente documento.

Inoltre, le informazioni contenute nelle pagine seguenti sono intese solo a scopo informativo e devono quindi essere considerate come universali. Come si addice alla sua natura, sono presentate senza garanzia della loro validità prolungata o della loro qualità provvisoria. I marchi di fabbrica che sono menzionati sono fatti senza consenso scritto e non possono in alcun modo essere considerati un'approvazione da parte del titolare del marchio.

Tabella dei contenuti

Capitolo 4: Vantaggi e svantaggi della terapia cognitivo-comportamentale

Capitolo 5: Usare la CBT per gestire l'ansia e la depressione

Capitolo 6: Altri metodi per gestire l'ansia e la depressione

Introduzione

La terapia cognitivo-comportamentale è stata un argomento sempre più caldo nel mondo della psicologia negli ultimi anni. Sempre più terapeuti e psichiatri stanno adottando questo tipo di terapia per la sua comprovata efficacia nel trattamento di disturbi mentali comuni come l'ansia e la depressione. Anche se sentiamo spesso parlare di questo termine, di cosa si tratta esattamente? La terapia cognitivo-comportamentale si basa sulla teoria che i pensieri di una persona (cognizione), l'emozione e il comportamento sono tutti costantemente in interazione tra loro, quindi, se una di queste tre componenti è colpita, anche il resto sarà colpito. La cognizione è responsabile di come pensiamo e cosa pensiamo, l'emozione si basa su come ci sentiamo e il comportamento si basa su come agiamo. Queste tre componenti sostengono tutte la teoria che se una persona cambia semplicemente i suoi pensieri o il modo in cui pensa, questo avrà un impatto sui nostri sentimenti, che alla fine determineranno il nostro comportamento. In termini semplici, questo significa che le persone che possono avere pensieri negativi o irrealistici che causano loro angoscia potrebbero risultare in problemi comportamentali. Quando una persona soffre di stress psicologico, il modo in cui percepisce certe situazioni può diventare contorto, questo potrebbe causare comportamenti negativi.

La storia della terapia cognitivo-comportamentale

CBT è in realtà un termine ombrello per molte terapie diverse che condividono componenti comuni. Le prime forme di terapia cognitivo-comportamentale sono state sviluppate da Albert Ellis e Aaron T. Beck a metà degli anni '90. All'epoca si chiamava Terapia Razionale Emotiva Comportamentale (REBT). La REBT è un tipo di terapia cognitiva che si concentra sulla correzione di problemi emotivi e comportamentali. L'obiettivo principale della REBT è quello di cambiare le convinzioni irrazionali con quelle razionali. La terapia emotiva comportamentale razionale incoraggia un individuo a capire le proprie convinzioni irrazionali personali e poi influenza l'individuo a sfidare queste convinzioni mettendole alla prova nella realtà.

Albert Ellis ha proposto che ogni singola persona porta con sé una serie unica di assunti riguardanti noi stessi e il nostro mondo. Ha suggerito che usiamo questo insieme di presupposti per servirci e guidarci attraverso la vita e ha un'enorme influenza sulle nostre reazioni alle diverse situazioni che sperimentiamo. Tuttavia, l'insieme di assunti di alcune persone sono irrazionali, il che li porta ad agire e reagire in modi che sono inappropriati e hanno un effetto negativo sulla loro felicità e successo. Questo termine è chiamato "assunti irrazionali di base".

Un esempio di supposizioni irrazionali è un individuo che presume di essere un fallito perché non è amato da tutti quelli che conosce. Questo lo porta a cercare costantemente l'approvazione e a sentirsi rifiutato. Poiché tutte le azioni e le interazioni di questo individuo sono basate su questo presupposto, si sentirà insoddisfatto se non ha ricevuto abbastanza complimenti. Secondo Albert Ellis, queste sono altre popolari e comuni assunzioni irrazionali:

- L'idea che si debba essere competenti in tutto ciò che si fa
- L'idea che quando le cose non sono come si vuole che siano è catastrofica
- L'idea che non si può controllare la propria felicità
- L'idea che hai bisogno di dipendere da qualcuno più forte di te
- L'idea che la tua vita attuale sia fortemente influenzata dalla tua storia
- L'idea che sarà un disastro se non si trova la soluzione perfetta ai problemi umani

Aaron Beck ha un sistema di terapia simile a quello di Albert Ellis, ma è più comunemente usato per la depressione rispetto all'ansia. I terapeuti usano tipicamente questo sistema di terapia per aiutare il cliente a notare i pensieri negativi e gli errori logici che hanno e che lo portano ad essere depresso. Usano anche questo sistema per sfidare i pensieri disfunzionali di un individuo, cercare di interpretare le situazioni in modo diverso e applicare una diversa prospettiva di pensiero nella loro vita quotidiana.

In genere, se una persona ha molti pensieri automatici negativi, è probabile che diventi depressa. Questi pensieri continueranno anche se ci sono prove contrastanti. Aaron Beck ha identificato tre meccanismi a metà degli anni '90 che pensava causassero la depressione:

- La triade cognitiva (pensiero automatico negativo)
- Autoschemi negativi
- Errori di logica (elaborazione imprecisa delle informazioni)

Aaron Beck pensava che la triade cognitiva sono tre tipi di pensiero negativo che si manifestano negli individui che soffrono di depressione. Consisteva in pensieri negativi su se stessi, sul mondo e sul futuro. Questi tipi di pensieri tendono ad apparire automaticamente nelle persone depresse ed è abbastanza spontaneo. Quando questi tre tipi di pensieri cominciano a interagire, in realtà interferiscono con le normali funzioni cognitive del nostro cervello e portano a un deterioramento della percezione, della memoria e a difficoltà nella risoluzione dei problemi. La persona diventerà probabilmente ossessionata da questi pensieri negativi.

Aaron Beck ha identificato numerosi processi di pensiero illogico nel suo studio delle distorsioni cognitive. Ha concluso che questi schemi di pensiero illogico sono autodistruttivi e causano una grande quantità di ansia e/o depressione per la persona. Ecco alcuni dei suoi processi di pensiero illogico:

- Interferenza arbitraria: Questo processo di pensiero si basa sul trarre conclusioni con prove insufficienti e/o irrilevanti. Per esempio, pensare e sentirsi inutile a causa del parco a tema che si stava per avere chiuso a causa del tempo.
- Astrazione selettiva: Questo processo di pensiero si basa sul concentrarsi su un singolo aspetto di una circostanza e ignorare tutti gli altri aspetti. Per esempio, ti senti responsabile per la tua squadra che perde una partita di pallavolo anche se sei solo un membro della squadra.
- Ingrandimento: Il processo di pensiero si basa sull'esagerazione dell'importanza durante una situazione

negativa. Per esempio, se hai accidentalmente graffiato la tua auto, ti vedi come un terribile guidatore.

- Minimizzazione: Questo processo di pensiero si basa sul sottovalutare l'importanza di un evento. Per esempio, vieni lodato dal tuo capo per il tuo eccellente lavoro, ma vedi che è una questione banale.

- Sovrageneralizzazione: Questo processo di pensiero si basa sul trarre conclusioni negative a causa di un singolo evento. Per esempio, normalmente prendi tutte A all'università, ma hai fallito un esame e quindi pensi di essere stupido.

- Personalizzazione: Questo processo di pensiero si basa sull'associare i sentimenti negativi di altre persone a te stesso. Per esempio, il tuo capo sembrava molto arrabbiato quando è entrata in ufficio oggi; quindi, deve essere arrabbiata con te.

Aaron Beck e Albert Ellis hanno sviluppato molte teorie e comportamenti strutturati che hanno portato allo sviluppo moderno della Terapia Cognitivo Comportamentale. Grazie alle loro ricerche a metà degli anni '90, gli studi hanno concluso che l'80% degli adulti beneficia della Terapia Cognitivo Comportamentale. Questo è un enorme successo nel mondo della terapia, dato che molte persone preferiscono la terapia parlante alla terapia medica per aiutare i disturbi mentali come l'ansia e la depressione.

Usi moderni della terapia cognitivo-comportamentale

Nella società odierna, la terapia cognitivo-comportamentale è usata per trattare i disturbi mentali, principalmente l'ansia e la depressione. Grazie alla sua lunga storia e al suo sviluppo, la CBT è una forma di psicoterapia pratica e che fa risparmiare tempo. La CBT si concentra sui problemi del qui-e-ora che si presentano nella vita quotidiana. È usata per aiutare le persone a dare un senso al loro ambiente e agli eventi che accadono intorno a loro. La CBT è molto strutturata, fa risparmiare tempo e si concentra sui problemi. Questi vantaggi sono la ragione per cui la CBT è una delle tecniche più popolari quando viene usata per trattare i disturbi mentali nella nostra frenetica vita moderna.

Al giorno d'oggi, la CBT funziona aiutando i clienti a riconoscere, interrogare e cambiare i pensieri che si riferiscono alle reazioni emotive e comportamentali che causano loro difficoltà. Usando la CBT per monitorare e registrare i pensieri durante le situazioni indesiderate, le persone cominciano ad imparare che il modo in cui pensano è un fattore che contribuisce ai loro problemi emotivi. La moderna terapia cognitivo-comportamentale aiuta a ridurre i problemi emotivi insegnando agli individui a:

- Identificare eventuali distorsioni nel loro processo di pensiero
- Vedere i propri pensieri come idee piuttosto che come fatti
- Fare un passo indietro dai propri pensieri per guardare le situazioni da un'altra prospettiva

Il nuovo modello CBT usato oggi è costruito sulla relazione tra pensieri e comportamenti. Entrambi possono influenzarsi a vicenda. Ci sono tre livelli e tipi di pensieri:

- Pensieri coscienti: Sono pensieri razionali che vengono fatti con piena consapevolezza
- Pensieri automatici: Questi sono i pensieri che si muovono molto rapidamente; è probabile che tu non sia pienamente consapevole del loro movimento. Questo significa che è difficile controllarne la precisione. Una persona che soffre di problemi di salute mentale può avere pensieri che non sono assolutamente logici.
- Schemi: Queste sono le convinzioni fondamentali e i valori personali quando si tratta di elaborare le

informazioni. I nostri schemi sono modellati dalla nostra infanzia e da altre esperienze di vita.

La moderna CBT è leggermente diversa dal tipo precedente, che era principalmente REBT. La CBT che usiamo ora è usata per trattare una pletora di disturbi mentali, mentre la REBT era usata principalmente per trattare la depressione e l'ansia. Inoltre, la depressione e l'ansia non erano così diffuse nella metà degli anni '90 rispetto alla loro presenza ora. Nei capitoli successivi, parleremo del perché gli ordini mentali come la depressione e l'ansia sono più comuni nella società di oggi.

Cosa aspettarsi in questo libro: In questo libro, esploreremo le teorie e le funzioni della Terapia Cognitivo Comportamentale e come funziona per trattare disturbi come l'Ansia e la Depressione. Inizieremo questo libro imparando di più su come funziona la CBT quando viene usata e come si confronta con altri tipi di terapia. Impareremo poi cos'è l'ansia, i suoi sintomi e i diversi tipi. Poi, impareremo a conoscere la depressione, la scienza che c'è dietro, i diversi tipi e i suoi sintomi. A questo punto del libro, si dovrebbe avere una forte comprensione di come funziona l'ansia e la depressione e come la CBT può giocare un ruolo per trattare efficacemente i sintomi. Verso il centro di questo libro, esamineremo i vantaggi e gli svantaggi di scegliere la CBT come metodo di trattamento. Questo capitolo è importante per aiutarvi a determinare se la CBT è il metodo di trattamento giusto per il disturbo che state cercando di trattare. Dopo di che, passeremo due capitoli concentrandoci su come usare la CBT, in modo specifico, per gestire l'ansia/depressione di una persona e come anche altri metodi possono essere usati per gestire questi disturbi. Daremo uno sguardo alla mindfulness, alla meditazione, ai cambiamenti nello stile di vita, alla prevenzione della procrastinazione e alla pratica della gratitudine. Anche se questi argomenti non sono necessariamente sotto la CBT, ne supportano le teorie principali, quindi esercitare questi metodi può rivelarsi efficace per alcune persone. Infine, passeremo l'ultimo capitolo a studiare la rabbia e come può manifestarsi in altre emozioni. Impareremo la gestione della rabbia e come questa gioca un ruolo anche nella salute mentale di una persona. Nel complesso, questo libro non ha lo scopo di insegnare solo come usare la CBT; il suo scopo è di educare su tutti gli argomenti correlati in modo da capire perché la CBT usa la strategia che fa. Comprendendo questo, le persone sono più propense a rimanere impegnate nel processo piuttosto che rinunciare se non vedono subito dei risultati. Senza ulteriori indugi, immergiamoci in questo libro.

Capitolo 1: Cos'è la terapia cognitivo-comportamentale?

Come abbiamo discusso all'inizio di questo libro, la terapia cognitivo-comportamentale è un tipo di terapia parlante che viene usata per trattare persone con disturbi mentali. I fondamenti della CBT si basano su tre componenti: cognizione (pensiero), emozione e comportamento. Tutti e tre i componenti interagiscono l'uno con l'altro, il che porta alla teoria che i nostri pensieri determinano i nostri sentimenti ed emozioni che poi determinano il comportamento.

Come funziona la terapia cognitivo-comportamentale?

La terapia cognitivo-comportamentale funziona sottolineando la relazione tra i nostri pensieri, sentimenti e comportamenti. Quando si comincia a cambiare uno qualsiasi di questi componenti, si comincia ad avviare il cambiamento negli altri. L'obiettivo della CBT è quello di aiutare a ridurre la quantità di preoccupazioni e aumentare la qualità complessiva della vostra vita. Ecco gli 8 principi di base di come funziona la terapia cognitivo-comportamentale:

1. La CBT aiuterà a fornire una nuova prospettiva di comprensione dei vostri problemi.

Molte volte, quando un individuo ha vissuto con un problema per molto tempo nella sua vita, può aver sviluppato modi unici di capirlo e affrontarlo. Di solito, questo non fa altro che mantenere il problema o peggiorarlo. La CBT è efficace nell'aiutarvi a guardare il vostro problema da una nuova prospettiva, e questo vi aiuterà a imparare altri modi di capire il vostro problema e a imparare un nuovo modo di affrontarlo.

2. La CBT vi aiuterà a generare nuove abilità per risolvere il vostro problema.

Probabilmente sapete che capire un problema è una cosa, e affrontarlo è completamente un altro paio di maniche. Per iniziare a cambiare il tuo problema, dovrai sviluppare nuove abilità che ti aiuteranno a cambiare i tuoi pensieri, comportamenti ed emozioni che stanno influenzando la tua ansia e la tua salute mentale. Per esempio, la CBT ti aiuterà a raggiungere nuove idee sul tuo problema e a cominciare a usarle e a testarle nella tua vita quotidiana. Pertanto, sarete più capaci di farvi un'idea del problema alla radice che sta causando questi sintomi negativi.

3. La CBT si basa sul lavoro di squadra e sulla collaborazione tra il cliente e il terapeuta (o programma).

La CBT richiede che tu sia attivamente coinvolto nell'intero processo, e i tuoi pensieri e le tue idee sono estremamente preziosi fin dall'inizio della terapia. Tu sei l'esperto quando si tratta dei tuoi pensieri e problemi. Il terapeuta è l'esperto quando si tratta di riconoscere i problemi emotivi. Lavorando come una squadra, sarete in grado di identificare i vostri problemi e far sì che il vostro terapeuta li affronti meglio. Storicamente, più la terapia progredisce, più il cliente prende l'iniziativa nel trovare le tecniche per affrontare i sintomi.

4. L'obiettivo della CBT è di aiutare il cliente a diventare il proprio terapeuta.

La terapia è costosa; lo sappiamo tutti. Uno degli obiettivi della CBT è quello di non farvi diventare eccessivamente dipendenti dal vostro terapeuta, perché non è possibile fare terapia per sempre. Quando la terapia finisce e tu non diventi il tuo terapeuta, sarai ad alto rischio di ricaduta. Tuttavia, se siete in grado di diventare il vostro terapeuta, sarete in una buona posizione per affrontare gli ostacoli che la vita vi lancia. Inoltre, è dimostrato che avere fiducia nella propria capacità di affrontare le difficoltà è uno dei migliori predittori del mantenimento delle preziose informazioni ottenute dalla terapia. Svolgendo un ruolo attivo durante le sessioni, sarete in grado di acquisire la fiducia necessaria per affrontare i vostri problemi quando le sessioni saranno finite.

5. La CBT è succinta e limitata nel tempo.

Come regola generale, le sessioni di terapia CBT durano in genere da 10 a 20 sessioni. Statisticamente, quando la terapia va avanti per molti mesi, c'è un rischio maggiore che il cliente diventi dipendente dal terapeuta. Una volta che avete acquisito una nuova prospettiva e comprensione del vostro problema, e siete dotati delle giuste competenze, siete in grado di usarle per risolvere i problemi futuri. Nella CBT è fondamentale che tu provi le tue nuove abilità nel mondo reale. Affrontando effettivamente il tuo problema con le tue mani senza la sicurezza delle sessioni di terapia ricorrenti, sarai in grado di costruire la fiducia nella tua capacità di diventare il tuo terapeuta personale.

6. Il CBT è basato sulla direzione e strutturato.

La CBT si basa tipicamente su una strategia fondamentale chiamata "recupero guidato". Impostando alcuni esperimenti con il vostro terapeuta, sarete in grado di sperimentare nuove idee per vedere se riflettono accuratamente la vostra realtà. In altre parole, il vostro terapeuta è la vostra guida mentre fate delle scoperte nella CBT. Il terapeuta non vi dirà se avete ragione o torto, ma invece vi aiuterà a sviluppare idee ed esperimenti per aiutarvi a testare queste idee.

7. La CBT si basa sul presente, "qui e ora".

Anche se sappiamo che la nostra infanzia e la nostra storia di sviluppo giocano un grande ruolo in ciò che siamo oggi, uno dei principi della CBT distingue effettivamente tra ciò che ha causato il problema e ciò che sta mantenendo il problema attualmente. In molti casi, le ragioni che mantengono un problema sono diverse da quelle che lo hanno originariamente causato. Per esempio, se si cade mentre si va a cavallo, si può avere paura dei cavalli. La tua paura continuerà ad essere mantenuta se inizierai ad evitare tutti i cavalli e ti rifiuterai di cavalcarne ancora uno. In questo esempio, la paura è stata chiamata dalla caduta, ma evitando la vostra paura, state continuando a mantenerla. Sfortunatamente, non potete cambiare il fatto che siete caduti da cavallo, ma potete cambiare i vostri comportamenti quando si tratta di evitare. La CBT si concentra principalmente sui fattori che stanno mantenendo il problema perché questi fattori sono suscettibili di cambiamento.

8. Gli esercizi con fogli di lavoro sono elementi significativi della terapia CBT.

Sfortunatamente, leggere di CBT o andare ad una sessione di terapia alla settimana non è sufficiente per cambiare i nostri modelli radicati di pensiero e comportamento. Durante la CBT, il cliente è sempre incoraggiato ad applicare le sue nuove abilità nella sua vita quotidiana. Anche se la maggior parte delle persone trova le sessioni di terapia CBT molto intriganti, esse non portano ad un cambiamento nella realtà se non si esercitano le abilità che si sono apprese.

Questi otto principi saranno la vostra luce guida durante tutta la vostra terapia cognitivo-comportamentale. Imparando, comprendendo e applicando questi otto principi, sarete in una buona posizione per investire il vostro tempo e la vostra energia per diventare il vostro terapeuta e raggiungere i vostri obiettivi personali. In base alla ricerca, gli individui che sono altamente motivati a provare esercizi al di fuori delle sessioni tendono a trovare più valore nella terapia rispetto a quelli che non lo fanno. Tenete a mente che altri fattori esterni hanno ancora un effetto sul vostro successo, ma la vostra motivazione è uno dei fattori più significativi. Seguendo la CBT usando i principi di cui sopra, dovresti essere in grado di rimanere altamente motivato durante la CBT.

Quando si usa la terapia cognitivo-comportamentale?

Ora che abbiamo imparato come funziona la CBT, quando si usa la CBT? La risposta principale a questa domanda è che la CBT viene usata quando un individuo decide di seguire una terapia per aiutare con i problemi che sta affrontando. Il più delle volte, questi problemi sono disturbi come la depressione, l'ansia, o più gravi come OCD e PTSD.

Per scavare un po' più a fondo, gli usi più comuni della CBT sono in realtà la depressione e il disturbo d'ansia generalizzato. Tuttavia, la CBT è anche usata ed è molto efficace per altri disturbi come:

- Disturbo dismorfico del corpo
- Disturbi alimentari
- Dolore lombare cronico
- Disturbi della personalità
- Psicosi
- Schizofrenia
- Disturbi da uso di sostanze

Poiché la CBT si concentra sulla relazione tra pensieri, emozioni e comportamento, coloro che soffrono di disturbi che derivano dalla salute mentale possono trovare utile provare la CBT. La maggior parte dei terapeuti moderni optano per la CBT come la tecnica migliore per gestire i problemi che il cliente può affrontare, poiché copre numerosi disturbi, e il cliente può impararla e continuare a usarla senza l'aiuto del terapeuta.

Su una nota più semplice, la CBT può essere usata solo per una terapia generale. Questa può essere una situazione in cui qualcuno frequenta le sessioni di terapia per rimanere in contatto con i propri pensieri e sentimenti. Anche se questa persona potrebbe non soffrire di alcun disturbo particolare, la CBT è uno strumento utile per qualcuno che vuole organizzare i propri pensieri.

Chi usa la terapia cognitivo-comportamentale?

Una grande varietà di persone usa la terapia cognitivo-comportamentale, sia per aiutare gli altri che per risolvere i propri problemi. La risposta più generale a chi usa la CBT sarebbe un terapeuta e qualcuno che soffre di un disturbo mentale. Tuttavia, la CBT è usata anche da professionisti nell'ambito della psicologia, della dipendenza da alcol, dell'abuso di sostanze, dei disturbi alimentari, delle fobie e della gestione della rabbia. La CBT è uno strumento flessibile che molti tipi di persone possono usare per trattare il problema in questione.

Come ho menzionato nel sottocapitolo precedente, la CBT può essere usata anche se non state affrontando un problema serio come quello menzionato sopra. Molte persone che andavano in terapia continuano ad usare la CBT per mantenere una mentalità sana. La CBT è stata usata anche per eventi come gli interventi. Tuttavia, le persone che tipicamente usano e guadagnano di più dalla CBT sono quelle che sono disposte a spendere tempo ed energia per analizzare i propri pensieri e sentimenti. Poiché l'autoanalisi è tipicamente difficile, molte persone possono rinunciare dopo aver realizzato quanto possa essere scomoda. Tuttavia, la CBT è molto adatta per le persone che stanno cercando un trattamento a breve termine che non richiede farmaci. Questo è molto adatto per le persone che non vogliono prendere farmaci per gestire disturbi come la depressione e l'ansia.

Confronto tra CBT e altri tipi di terapia

La terapia cognitivo-comportamentale e altri tipi di terapie comportamentali hanno molto in comune, ma hanno anche molte differenze significative. Le tipiche terapie comportamentali che si possono vedere in TV e nei film sembrano implicare un sacco di interpretazione dei sogni o complesse discussioni sulle esperienze della propria infanzia. Questo tipo di terapia è molto obsoleto rispetto alla CBT. Infatti, non molti terapeuti dei giorni nostri usano questo tipo di trattamento. La CBT è diversa dalle altre terapie perché si concentra principalmente sui modi in cui i pensieri, le emozioni e i comportamenti di una persona sono tutti collegati. Sia la CBT che altre terapie comportamentali hanno approcci comuni, come:

- Il terapeuta e il cliente lavorano come una squadra con la comprensione che il cliente è l'esperto dei propri pensieri mentre il terapeuta ha la competenza teorica e tecnica.
- I trattamenti sono spesso a breve termine (di solito durano da 6 a 20 sessioni). Il cliente partecipa attivamente al trattamento dentro e fuori le sedute. Compiti a casa e fogli di lavoro sono spesso obbligatori.

- Il terapeuta mira ad aiutare il cliente a capire che sono forti e capaci di scegliere di avere pensieri e comportamenti positivi.
- Il trattamento mira a risolvere i problemi attuali ed è orientato all'obiettivo. La terapia prevede il raggiungimento di obiettivi lavorando passo dopo passo.
- Il cliente e il terapeuta scelgono insieme i loro obiettivi per la terapia e seguono i loro progressi durante il trattamento.

Poiché il fondamento della CBT è la teoria che i pensieri influenzano i sentimenti e che la risposta emotiva di una persona a un problema deriva da come ha interpretato la situazione. Ecco un esempio per aiutarvi a capire meglio: Immaginate di sentire le sensazioni del vostro cuore che batte irregolarmente veloce e di sentire il respiro corto. Se questi sintomi si verificassero mentre sei seduto tranquillamente a casa, probabilmente penseresti che si tratta di una condizione medica come un attacco di cuore, che causerebbe ansia e preoccupazione. Tuttavia, se questi sintomi si verificassero mentre state correndo all'aperto, probabilmente non li attribuireste a una condizione medica, e quindi non causerebbero ansia e preoccupazione. Vedete qui che interpretazioni diverse delle stesse identiche sensazioni (ad esempio, il cuore che batte forte e il respiro corto) possono portare ad emozioni completamente diverse?

La CBT suggerisce che molte delle emozioni che proviamo sono completamente dovute a ciò che stiamo pensando. In altre parole, le nostre emozioni sono interamente basate su come percepiamo e interpretiamo il nostro ambiente o una situazione. A volte queste idee e pensieri diventano distorti o parziali. Per esempio, un individuo può interpretare un ambiguo messaggio di testo come un rifiuto personale quando potrebbe non avere alcuna prova a sostegno di ciò. Altri individui possono iniziare a stabilire aspettative irrealistiche per se stessi riguardo all'essere accettati dagli altri. Questi pensieri contribuiscono a processi di pensiero illogici, parziali o distorti, che poi influenzano le nostre emozioni. Nella CBT, i clienti impareranno a distinguere la differenza tra un pensiero e un sentimento. Impareranno ad essere consapevoli dei modi in cui i pensieri possono influenzare le loro emozioni e di come ciò sia talvolta inutile. Inoltre, saranno in grado di valutare criticamente se i loro pensieri automatici sono accurati e hanno delle prove, o se sono semplicemente di parte. Alla fine della terapia, dovrebbero aver sviluppato le abilità per notare questi pensieri negativi, interromperli e correggerli correttamente.

Ora, parliamo di come le altre terapie comportamentali sono diverse. La maggior parte di esse si concentra su come certi pensieri e comportamenti sono accidentalmente "premiati" nell'ambiente di un individuo. Questo contribuisce all'aumento di questi pensieri e comportamenti. Le terapie comportamentali possono essere utilizzate in un'ampia selezione di sintomi psicologici in una vasta gamma di età. Ecco un paio di esempi per spiegarlo ulteriormente:

Esempio #1: Immaginate un adolescente che chiede costantemente il permesso di usare l'auto di famiglia per andare in giro con gli amici. Dopo che i genitori chiedono ripetutamente e ricevono numerosi dinieghi, l'adolescente diventa arrabbiato e disobbediente nei confronti dei genitori. In seguito, i genitori giungono alla conclusione che non vogliono più sopportare il fastidio dell'adolescente e gli permettono di prendere in prestito l'auto. Dando il permesso, l'adolescente ha effettivamente ricevuto una "ricompensa" per aver fatto i capricci. I terapisti del comportamento dicono che dando il permesso all'adolescente, l'adolescente ha imparato che il cattivo comportamento è una strategia che funziona se va dietro al permesso. Inoltre, la terapia comportamentale mira a capire le relazioni tra i comportamenti, le ricompense e l'apprendimento, e a cambiare i modelli negativi. In conclusione, i genitori e i bambini in questo esempio possono disimparare questi comportamenti malsani e rinforzare invece il buon comportamento.

Esempio #2: Immaginate di avere paura di andare in macchina. Per evitare di essere spaventato e ansioso, potresti iniziare a evitare tutti i veicoli e camminare o andare in bicicletta. L'energia extra e il tempo richiesto per il tuo trasporto potrebbero farti arrivare costantemente in ritardo agli eventi o al lavoro. Tuttavia, nonostante queste conseguenze, la vostra paura di evitare di andare in macchina è stata ricompensata con l'assenza di paura e ansia. I trattamenti comportamentali consisterebbero nell'andare in macchina in un ambiente supervisionato e nel premiarvi quando avete successo. Queste ricompense saranno date dopo ogni successo, e il suo scopo è quello di aiutarvi a disimparare queste associazioni negative. Anche se le terapie comportamentali sono diverse in base al disturbo che stanno trattando, un filo comune è che i terapisti comportamentali aiutano i loro clienti a provare comportamenti nuovi o temuti e impedisce loro di lasciare che le ricompense negative dettino il loro comportamento.

Capitolo 2: Cos'è l'ansia?

Quindi, cos'è esattamente l'ansia? Molte volte, quando le persone usano il termine "ansia", si riferiscono all'ansia generalizzata. L'ansia è una sensazione ed esperienza di base che letteralmente tutte le specie di animali sperimentano. Anche se l'ansia non è una sensazione piacevole, non è pericolosa. In realtà, l'ansia è utile per noi in certe situazioni. Alcune persone desiderano sbarazzarsi completamente dell'ansia, ma questo obiettivo non è possibile o realistico! Quando si tratta di terapia cognitivo-comportamentale, l'approccio è quello di aiutarvi a costruire le competenze necessarie per aiutarvi a gestire e comprendere la vostra ansia, al contrario di sbarazzarsi di esso tutto insieme (di nuovo, non è possibile).

Dobbiamo tutti tenere a mente che l'ansia è un'emozione normale e che non è pericolosa. I sintomi dell'ansia in realtà hanno una funzione. L'ansia è in realtà una reazione naturale a una minaccia percepita e aiuta noi umani a reagire. Tuttavia, se si ha un'ansia eccessiva, può anche essere un problema.

Poiché l'ansia è una normale risposta a una minaccia, quando una persona percepisce di trovarsi in una situazione minacciosa, si attiva il suo istinto di lotta o di fuga, il cui unico scopo è quello di proteggersi combattendo o fuggendo dal pericolo. Quando qualcuno si sente minacciato, il suo cervello invia messaggi al sistema nervoso autonomo (questa è una sezione dei tuoi nervi). Quando questo sistema nervoso reagisce, vengono rilasciate adrenalina e noradrenalina dal cervello, il che scatena la risposta d'ansia e ci prepara automaticamente al pericolo. Questo sistema nervoso alla fine si ferma quando queste sostanze chimiche vengono distrutte dal nostro corpo nel tentativo di calmare il corpo.

Questo fatto è estremamente importante da ricordare perché coloro che soffrono di disturbi d'ansia sono convinti che la loro ansia andrà avanti per sempre. Tuttavia, biologicamente, questo non può accadere perché l'ansia è limitata dal tempo. Anche se può sembrare che l'ansia vada avanti per sempre, ha una durata di vita limitata. Dopo un po' di tempo, il vostro corpo determinerà che ne ha avuto abbastanza con l'istinto di lotta o fuga e ripristinerà il corpo alla sua sensazione neutrale. L'ansia non può continuare all'infinito o danneggiare il tuo corpo. Anche se molto scomodo, tutto questo ciclo è perfettamente innocuo e naturale. In effetti, questo comportamento è un istinto per noi perché, in natura, è necessario che il nostro corpo reagisca a questa risposta perché sappiamo che il pericolo può tornare.

In generale, la risposta di volo o fuga attiva il metabolismo dell'intero corpo. Questo è ciò che fa sentire qualcuno caldo, arrossato e stanco dopo, perché l'intero processo consuma molta energia. Dopo una forte esperienza di ansia, la maggior parte delle persone si sente svuotata, stanca e completamente svuotata.

Cos'è un disturbo d'ansia?

Ora che sapete cos'è l'ansia e come sia un'emozione naturale che proviamo per protezione - cos'è un disturbo d'ansia? Un disturbo d'ansia è una condizione medica in cui l'individuo sente sintomi di estrema ansia o panico. In altre parole, un disturbo d'ansia è quando l'individuo sente una grave ansia o panico e non è in grado di gestire i propri sintomi.

Passeremo in rassegna tutti i diversi tipi di disturbi d'ansia nel prossimo sottocapitolo, ma in questo, parleremo di quelli più comuni che le persone affrontano al giorno d'oggi. Il disturbo d'ansia più comune che le persone affrontano al giorno d'oggi è il disturbo d'ansia generalizzato.

Disturbo d'ansia generalizzato (GAD)

L'ansia generalizzata è la suscettibilità di impegnarsi in panico eccessivo, preoccupazione o ansia riguardo a numerosi eventi o situazioni. Di solito, la persona ha grandi difficoltà a controllare i suoi sentimenti di preoccupazione ed è associata ad altri sintomi come stanchezza, irrequietezza, difficoltà di concentrazione, disturbi del sonno, irritabilità e tensione muscolare. Il sentimento di preoccupazione è in realtà definito come un processo in cui si concentra l'incertezza del risultato per quanto riguarda gli eventi futuri. In realtà non è un'emozione in sé, ma porta a provare l'emozione dell'ansia. Il sintomo principale e più ovvio del disturbo d'ansia generalizzato sono i pensieri del "e se" che iniziano a verificarsi. Questi pensieri "e se" vanno di pari passo con la preoccupazione, e spesso sembra che sia incontrollabile. Inoltre, il processo di preoccupazione è spesso associato a sintomi fisici che sono legati alla risposta di fuga o lotta. Accade spesso che l'individuo pensi al futuro in una luce negativa e abbia pensieri che sono seguiti da sentimenti di ansia.

Le persone con GAD spesso si sentono preoccupate e ansiose per la maggior parte del tempo e non solo in situazioni specifiche che sono stressanti. Le preoccupazioni che hanno sono costanti, intense e interferiscono con la loro routine quotidiana. Le loro

preoccupazioni sono tipicamente aspetti multipli e non solo uno.
Possono includere il lavoro, la salute, le finanze, la famiglia, o
solo cose della vita quotidiana. Compiti banali come le faccende
domestiche o essere in ritardo per una riunione può portare a
un'ansia estrema, che poi porta alla sensazione di sventura.

La maggior parte delle persone sono diagnosticate con GAD se
mostrano alcuni dei sintomi per 6 mesi o più:

- Ti senti estremamente preoccupato per numerose attività
  o eventi
- Fai fatica a smettere di preoccuparti
- Stai scoprendo che la tua ansia ti ha reso molto difficile
  fare la tua routine quotidiana (ad esempio, studiare,
  lavorare, uscire con gli amici)
- Ti senti costantemente irrequieto o nervoso
- Sei sempre/facilmente stanco
- Fai fatica a concentrarti
- Sei facilmente irritabile
- Hai tensione nei muscoli (per esempio, collo o mascella
  dolorante)
- Hai difficoltà a dormire (per esempio, difficoltà a
  rimanere addormentato o ad addormentarsi)

Circa il 14% della popolazione soffre di GAD al giorno d'oggi.
Questa condizione tende ad apparire in più donne che uomini e

può verificarsi in qualsiasi momento della vita di un individuo. È comune in tutte le fasce d'età, anche nei bambini piccoli e negli anziani. Tuttavia, il momento più comune per la diagnosi è quando un individuo ha circa 30 anni.

I bambini che soffrono di GAD di solito hanno comportamenti come:

- Essere poco sicuri di se stessi
- Essere iperconformista
- Cercare costantemente l'approvazione e la sicurezza degli altri
- Essere un perfezionista
- Bisogno di rifare i compiti alla perfezione
- Usando la frase "Sì, ma se?".

Quindi cosa causa esattamente il GAD? Questo è difficile; c'è una combinazione di diversi fattori che hanno luogo. In primo luogo, vengono considerati i fattori biologici. Alcuni cambiamenti nelle funzioni cerebrali sono stati associati al GAD. Poi, si considera anche la storia familiare. Le persone che hanno il GAD hanno spesso una storia di problemi di salute mentale nella loro famiglia. Anche eventi di vita stressanti aumentano il rischio che qualcuno sviluppi il GAD. Per esempio, la perdita di una relazione, un trasloco o un abuso fisico o emotivo sono tutti esempi di eventi che possono giocare un ruolo nel causare il

GAD. Infine, anche i fattori psicologici possono mettere una persona a più alto rischio. Coloro che hanno tratti di personalità di essere sensibili, nervosi o incapaci di tollerare la frustrazione sono a più alto rischio di GAD.

Il trattamento più comune per il GAD è la terapia cognitivo-comportamentale. I farmaci saranno usati se i trattamenti psicologici sono inefficaci. Ci immergeremo nei dettagli nei capitoli successivi sul perché e come la CBT è un trattamento estremamente efficace per coloro che hanno GAD.

Quali sono i diversi tipi di disturbi d'ansia?

Ora che abbiamo imparato a conoscere il disturbo d'ansia più comune, il disturbo d'ansia generalizzato (GAD), e la componente più grande che porta ad esso (preoccupazione), passeremo a conoscere altri tipi di disturbi d'ansia di cui soffrono le persone. Gli altri tipi di disturbi d'ansia che conosceremo sono:

- Ansia sociale
- Fobie specifiche
- Disturbo da attacchi di panico
- Disturbo ossessivo-compulsivo (OCD)

- Disturbo da stress post-traumatico (PTSD)

Molte volte, le persone che sperimentano l'ansia spesso mostrano i sintomi di più di un tipo di disturbo d'ansia. È importante conoscere questi all'inizio in modo da poter aiutare a identificare i sintomi per ottenere un trattamento precoce. I sintomi che si possono sperimentare di solito non vanno via da soli, e se sono lasciati non trattati, possono iniziare a prendere in consegna la vostra vita quotidiana.

Ansia sociale

Anche se è molto normale sentire un certo livello di nervosismo in situazioni sociali, non è normale sentire una quantità schiacciante di ansia. Situazioni come partecipare a eventi formali, parlare in pubblico e fare presentazioni sono probabilmente eventi in cui si prova un certo nervosismo e ansia. Tuttavia, per coloro che soffrono di ansia sociale (o altrimenti nota come fobia sociale), parlare o esibirsi di fronte ad altre persone e situazioni sociali generali può portare a un'ansia estrema. Questo di solito deriva dalla paura di essere criticati, giudicati, umiliati o derisi di fronte ad altre persone. Molte volte hanno paura di questioni banali e ordinarie. Per esempio, coloro che soffrono di ansia sociale possono sentire che mangiare in un ristorante con altre persone può essere estremamente scoraggiante.

L'ansia sociale di solito si verifica durante la preparazione di eventi di performance (ad esempio, dover fare un discorso o lavorare mentre si è osservati) e situazioni in cui è coinvolta l'interazione sociale (ad esempio, pranzare con i colleghi o fare normali chiacchiere). L'ansia sociale si verifica anche durante l'evento vero e proprio, così come il periodo precedente. Inoltre, questo tipo di fobia può anche essere molto specifico in cui l'individuo ha paura di una situazione specifica. Per esempio, può avere paura di dover essere assertivo durante le riunioni di lavoro.

I sintomi dell'ansia sociale includono sintomi psicologici e fisici. Le persone con fobia sociale trovano molto angosciante quando sperimentano sintomi fisici. Questi sintomi fisici includono:

- Eccessiva sudorazione
- Nausea/Diarrea
- Tremendo
- Balbetta, balbetta o arrossisce quando parla

Quando si verificano questi sintomi fisici, normalmente l'ansia aumenta perché la persona inizia a temere che le altre persone notino questi segni. Tuttavia, questi segni di solito non sono visibili alle altre persone. Coloro che soffrono di questa condizione dicono che si preoccupano anche eccessivamente di dire o fare qualcosa di sbagliato, che porterà ad un risultato terribile. Spesso, le persone con ansia sociale cercheranno di evitare situazioni in cui sentono che c'è la possibilità di agire in un modo che è imbarazzante o umiliante. Se non possono evitare certe situazioni, sceglieranno di sopportarle ma diventeranno molto angosciati e ansiosi e potrebbero cercare di uscire da quella situazione il più velocemente possibile. Questo può iniziare ad avere un effetto negativo sulle loro relazioni. Inoltre, può iniziare a influenzare la loro vita professionale e la loro capacità di mantenere la loro routine quotidiana.

Una tipica diagnosi di ansia sociale si basa sull'avere i sintomi di cui sopra e su quanta angoscia e compromissione provoca nella routine quotidiana dell'individuo. Di solito, se i sintomi continuano per 6 mesi, allora viene fatta una diagnosi.

Alcuni sintomi di fobia sociale che sono psicologici includono:

- Sentirsi estremamente nervoso prima di esibirsi di fronte ad altre persone
- Sensazione di estremo nervosismo prima di incontrare persone sconosciute
- Sensazione di estremo nervosismo o imbarazzo quando si viene osservati (ad esempio, mangiare o bere di fronte ad altri, parlare al telefono di fronte ad altri)
- Non andare a certi eventi o interazioni a causa della paura del nervosismo sociale
- Avere difficoltà nella vita quotidiana (per esempio, studiare, vedere gli amici e lavorare)

Sulla base della ricerca, suggerisce che l'11% della popolazione ha sperimentato l'ansia sociale nel corso della sua vita. Ha mostrato che le donne sperimentano questo disturbo più degli uomini. Il più delle volte, questa fobia inizia durante l'infanzia o l'adolescenza.

Quindi, cosa causa esattamente l'ansia sociale? Ci sono numerose cause, ma le più comuni sono il temperamento, la storia familiare e il comportamento appreso. Quando si tratta di temperamento, i bambini o gli adolescenti che sono timidi sono più a rischio degli altri. In particolare, per i bambini, quelli che mostrano timidezza e timidezza li mette a rischio di sviluppare l'ansia sociale nella loro età adulta. La storia familiare è anche una possibilità quando si tratta di una causa dovuta alla predisposizione genetica. La causa principale, tuttavia, è di solito il comportamento appreso. Coloro che soffrono di ansia sociale spesso hanno sviluppato questa condizione a causa di essere trattati male, imbarazzati in pubblico o umiliati.

Quando si tratta di trattare la fobia sociale, i trattamenti psicologici saranno la prima linea di trattamento, e nei casi più gravi, i farmaci possono essere efficaci. Poiché la fobia sociale è un tipo di disturbo d'ansia, molti professionisti scelgono di usare la terapia cognitivo-comportamentale come metodo di trattamento. Più avanti in questo libro, parleremo di come la CBT aiuta a trattare i disturbi d'ansia.

Fobie specifiche

Le fobie sono probabilmente uno dei disturbi più noti di cui sentiamo parlare nella società attuale. Probabilmente vedete persone in TV e nei film che hanno la fobia dei clown, dei ragni o delle altezze. La paura o la preoccupazione per certe situazioni è comune, ma questo non significa che abbiate una fobia. Sentirsi ansiosi quando ci si imbatte in un ragno o quando ci si trova in un luogo alto è abbastanza normale. La paura è in realtà una risposta razionale e naturale quando ci troviamo in situazioni in cui ci sentiamo minacciati.

Tuttavia, alcune persone hanno una reazione enorme quando si tratta di certe attività, situazioni o oggetti a causa della loro immaginazione ed esagerazione del pericolo. I sentimenti di terrore, panico o paura che qualcuno può provare a causa di una minaccia sono completamente sproporzionati. In molti casi, anche solo il pensiero dello stimolo fobico o il vederlo in TV è sufficiente a causare una reazione in questi individui. Questi tipi di reazioni estreme potrebbero indicare un disturbo fobico specifico.

Anche se il più delle volte le persone non sono consapevoli di dove viene la loro ansia, le persone che soffrono di fobie di solito sono consapevoli che le loro paure sono irrazionali ed estreme. Tuttavia, sentono che le loro reazioni sono automatiche e non possono essere controllate. A volte, fobie specifiche portano ad attacchi di panico. Durante questi attacchi di panico, l'individuo si trova sopraffatto da sensazioni fisiche indesiderabili. Queste sensazioni includono nausea, battito cardiaco, soffocamento, dolore al petto, vertigini, svenimento e vampate di calore/freddo.

I sintomi della fobia specifica sono i seguenti:

- Hai una paura costante, estrema e irrazionale di una situazione, attività o oggetto. Per esempio, la paura delle altezze, dei clown o dei ragni.
- Eviti costantemente le situazioni in cui c'è la possibilità che tu debba affrontare la tua fobia. Per esempio, non uscite perché potreste incontrare un ragno. Se la situazione è qualcosa che è difficile da evitare, si può iniziare a sentire alti livelli di angoscia.
- Vi accorgete che l'evitamento e l'ansia di certe situazioni in cui la vostra fobia potrebbe esistere vi rende difficile la vostra routine quotidiana. Per esempio, comincia a interferire con il lavoro, la scuola o la vita sociale.
- Trovi che il tuo evitamento e l'ansia sono costanti, e stai lottando con questo da più di 6 mesi.

Le fobie specifiche sono di solito suddivise nelle seguenti categorie:

- Animali: La tua paura è legata agli animali o agli insetti (per esempio, paura dei gatti o dei ragni)
- Ambiente naturale: La tua paura è legata all'ambiente naturale (per esempio, paura delle altezze o dei fulmini)

- Ferita/iniezione: La tua paura è legata a procedure mediche invasive (per esempio, paura degli aghi o di vedere il sangue)
- Situazioni: La tua paura è legata a situazioni molto specifiche (ad esempio, salire su una scala mobile o guidare nel traffico intenso)
- Altro: La tua paura è quella di superare varie fobie (ad esempio, la paura di vomitare o la paura di soffocare)

Il primo segno di sintomi di fobia specifica si presenta di solito durante l'infanzia o la prima adolescenza. La paura è abbastanza normale tra i bambini, e sperimentano molte paure comuni durante la loro infanzia. Le paure più comuni sono: avere paura degli estranei, dei mostri immaginari, del buio e degli animali. Tuttavia, imparare a gestire correttamente queste paure fa parte del processo di crescita. Alcuni bambini possono ancora sviluppare fobie specifiche fino alla gravità degli attacchi di panico. Questi bambini hanno un rischio maggiore di sviluppare fobie specifiche rispetto agli altri tipi di disturbi d'ansia. Nella maggior parte dei casi, i bambini non sono consapevoli del fatto che le loro paure sono estreme e irrazionali.

Quindi, cosa causa esattamente le fobie specifiche oltre all'ansia? Proprio come l'ansia sociale, il temperamento di una persona e la storia di condizioni di salute mentale giocano un ruolo enorme nella causa delle fobie specifiche. Le fobie sono molto trattabili, e un trattamento psicologico come la CBT sarà generalmente usato per primo per affrontare il disturbo. Nei casi in cui la fobia specifica è più grave, i farmaci saranno coinvolti per aiutare il disturbo.

Disturbi di panico

I disturbi di panico, o più comunemente conosciuti come "attacchi di panico" è il termine usato per descrivere quando questi attacchi sono ricorrenti e disabilitanti. Di solito, i disturbi di panico sono definiti da:

- Attacchi di panico inaspettati e ricorrenti.
- Preoccuparsi per un lungo periodo (1 mese+) dopo aver avuto un attacco di panico di averne un altro.
- Preoccuparsi degli effetti o delle conseguenze dopo l'attacco di panico. Molte persone pensano che un attacco di panico sia un sintomo di un problema medico non diagnosticato. Per esempio, gli individui possono fare ripetuti test medici a causa di queste preoccupazioni, e anche se non viene fuori niente, hanno ancora paura di essere in cattiva salute.
- Avere cambiamenti significativi nel comportamento che sono legati agli attacchi di panico. Per esempio, evitare l'esercizio fisico perché la frequenza cardiaca aumenterà.

Di solito, durante un attacco di panico, si viene sopraffatti dalle sensazioni fisiche descritte sopra. Il picco dell'attacco di panico è di solito di 10 minuti e durerà fino a 30 minuti, lasciandoti esausto dopo. Possono verificarsi fino a numerose volte al giorno o poche volte all'anno. Possono accadere quando qualcuno sta dormendo, il che lo sveglierà durante l'attacco. Molte persone hanno sperimentato un attacco di panico almeno una volta nella loro vita. Fino al 40% della popolazione umana ha sperimentato un attacco di panico ad un certo punto della sua vita. Questo non significa che hai un disturbo di panico. Ecco i sintomi e i segni comuni di un attacco di panico:

- Una sensazione di paura schiacciante o panico
- Avere il pensiero che si sta soffocando, che si sta morendo o che si sta "impazzendo".
- La frequenza cardiaca aumenta
- Avere difficoltà a respirare (per esempio, iperventilazione)
- Sensazione di soffocamento o di non funzionamento dei polmoni
- Sudare eccessivamente
- Vertigini, capogiri o svenimenti

In alcuni casi, una persona che sta attraversando un attacco di panico può anche sperimentare la "dissociazione" o "derealizzazione". Questa è la sensazione in cui ci si sente come se il mondo e l'ambiente intorno a noi non fossero reali. Questo sintomo è associato agli intensi cambiamenti fisiologici che avvengono nel corpo durante l'attacco d'ansia.

I disturbi di panico non sono così comuni come altri disturbi come il GAD o l'ansia sociale. Sorprendentemente, il 5% della popolazione ha sperimentato il disturbo di panico nel corso della sua vita. Secondo le statistiche, le donne sono più inclini ai disturbi di panico rispetto agli uomini. I disturbi di panico si verificano tipicamente quando le persone sono nei loro primi 20 anni o nella metà della loro vita. È vero che i disturbi di panico possono verificarsi a qualsiasi età; è estremamente raro nei bambini o nelle persone anziane.

Quindi cosa causa esattamente un disturbo di panico? Anche se non c'è una causa specifica, di solito sono coinvolti più fattori. Questo include persone con una storia familiare di disturbi d'ansia o depressione. Alcuni studi suggeriscono anche che la genetica gioca un ruolo importante. Fattori biologici sono anche associati a disturbi di panico come: asma, sindrome dell'intestino irritabile (IBS) e ipertiroidismo. Anche le esperienze negative nella vita giocano un ruolo enorme nei disturbi di panico. Esperienze di vita gravemente stressanti come abusi sessuali o lutti sono stati collegati ai disturbi di panico. Inoltre, gli individui che stanno attraversando uno stress estremo e continuo sono ad alto rischio di sviluppare disturbi di panico.

Quando si tratta di trattamenti per i disturbi di panico, si usa per ridurre la quantità e l'intensità degli attacchi di panico di coloro che ne soffrono. A coloro che soffrono di gravi disturbi di panico verranno dati dei farmaci per aiutarli a calmarsi, ma di solito i trattamenti psicologici come la CBT saranno il primo metodo usato.

Disturbo ossessivo-compulsivo (OCD)

Come abbiamo discusso nel nostro sottocapitolo sulla preoccupazione, i pensieri preoccupanti possono portare all'ansia, che poi influenza il nostro comportamento. A volte questo può essere utile. Per esempio, pensare di aver lasciato il fornello acceso vi porterà a controllarlo per assicurarvi di tenere le cose al sicuro. Tuttavia, se questo pensiero diventa ricorrente e ossessivo, comincia a influenzare modelli di comportamento malsani che rendono la routine quotidiana difficile. Un esempio di OCD è controllare ripetutamente la stufa per assicurarsi che sia spenta, anche se l'avete già confermato la prima volta.

Per una persona che soffre di OCD, spesso prova estrema vergogna per il suo bisogno di eseguire le sue azioni compulsive. Questi sentimenti di vergogna causano segretezza, che poi porta a ritardare la diagnosi e il trattamento. Spesso, può risultare in una disabilità sociale in cui i bambini non riescono ad andare a scuola o gli adulti non riescono a lasciare le loro case.

Quindi, quali sono i segni e i sintomi del Disturbo Ossessivo-Compulsivo? Il disturbo ossessivo compulsivo di solito si presenta in diversi tipi:

- Pulizia e ordine: Gli esempi includono la pulizia ossessiva della casa o il lavaggio delle mani per mitigare la paura della contaminazione o dei germi, l'ossessione per la simmetria o l'ordine, e un bisogno eccessivo di posizionare gli oggetti o eseguire compiti in un modello o luogo specifico.
- Conteggio e accaparramento: Esempi includono contare ripetutamente oggetti come mattoni sul muro, contare i loro vestiti, o accumulare oggetti inutili come vecchi giornali o spazzatura.
- Sicurezza: Si tratta di una paura ossessiva di fare del male ai propri cari o a se stessi e può portare a controllare

impulsivamente le cose per assicurarsi che siano spente e che le entrate siano chiuse.

- Problemi sessuali: Avere una paura irrazionale o disgusto per qualsiasi attività sessuale.
- Problemi religiosi e morali: Sentire il bisogno o la costrizione di pregare numerose volte al giorno al punto da influenzare le loro relazioni e il loro lavoro.

Quando si tratta di sintomi del disturbo ossessivo-compulsivo, bisogna fare attenzione:

- Avere preoccupazioni o pensieri ripetitivi che riguardano più che i normali problemi della vita (per esempio, avere pensieri che i tuoi cari o te stesso saranno danneggiati)
- Fare la stessa attività in modo molto ordinato e ripetuto ogni volta. Gli esempi includono:
  o Fare costantemente la doccia, lavarsi i denti, lavare i vestiti o le mani
  o Riorganizzare, riordinare o pulire costantemente le cose in un modo particolare a casa o al lavoro
  o Controllare costantemente che tutte le entrate siano chiuse a chiave e che l'elettronica sia spenta
- Sentirsi sollevato dopo aver fatto quei compiti ma subito dopo sentire il bisogno di ripeterli

- Essere consapevoli che questi sentimenti, comportamenti e tendenze sono irragionevoli ma non si può farne a meno
- Hai scoperto che questi comportamenti e pensieri interferiscono con la tua routine quotidiana e occupano più di un'ora al giorno

Il disturbo ossessivo-compulsivo non è così comune come gli altri disturbi che abbiamo discusso. Solo circa il 3% della popolazione ha sperimentato OCD nella loro vita. Il disturbo ossessivo-compulsivo può verificarsi in qualsiasi fase della vita, e anche i bambini di sei anni possono mostrare i sintomi. Tuttavia, i sintomi si sviluppano pienamente solo quando l'individuo raggiunge l'adolescenza.

Sulla base della ricerca, OCD è teorizzato per aver sviluppato da un mix di fattori ambientali e genetici. Molti altri fattori possono aumentare il rischio di sviluppare OCD, compresi i fattori sociali, fattori psicologici e storia familiare. Fattori biologici come problemi neurologici e livelli irregolari di serotonina sono stati collegati a OCD. C'è una ricerca attiva in questo momento su come i cambiamenti strutturali, chimici e funzionali nel cervello possono portare a OCD. Inoltre, i comportamenti appresi e i fattori ambientali possono causare lo sviluppo di OCD. Può accadere attraverso il condizionamento diretto o guardando i comportamenti degli altri. Dal momento che i bambini sono molto impressionabili, avranno un rischio maggiore di sviluppare OCD nella loro adolescenza guardando comportamenti compulsivi nei loro genitori.

Il disturbo ossessivo compulsivo viene solitamente trattato prima con trattamenti psicologici come la CBT, ma poiché molti casi sono più gravi, vengono utilizzati anche i farmaci. In alcuni casi, una combinazione di farmaci e trattamenti psicologici come la terapia saranno utilizzati allo stesso tempo per aumentare l'efficacia.

Disturbo da stress post-traumatico (PTSD)

Le persone che hanno vissuto una situazione traumatica o un evento che ha minacciato la loro sicurezza, la loro vita o quella degli altri possono sviluppare una serie di reazioni indesiderate chiamate PTSD. Questi tipi di situazioni traumatiche potrebbero essere qualsiasi cosa, da un incidente d'auto alla guerra a disastri naturali come un terremoto. Come risultato di questi eventi traumatici, la persona avrà sentimenti di intenso orrore, paura o impotenza.

Gli individui che soffrono di PTSD avranno spesso sentimenti di intensa paura o panico, molto simili a quelli che hanno provato durante quella situazione traumatica. Ci sono quattro tipi principali di difficoltà nel PTSD:

- Rivivere la situazione/evento traumatico: L'individuo rivive costantemente la situazione o l'evento traumatico attraverso i ricordi, spesso questo avviene sotto forma di immagini e incubi. Questo può anche portare a reazioni fisiche ed emotive estreme come panico, palpitazioni cardiache o sudorazione.
- Essere estremamente vigile: l'individuo sperimenta problemi di concentrazione, irritabilità e insonnia. Sono facilmente spaventati e spaventati e sono sempre alla ricerca di segni di pericolo.
- Evitare i ricordi della situazione/evento: L'individuo evita di proposito luoghi, attività, persone, emozioni o pensieri che sono collegati all'evento traumatico perché riportano ricordi angoscianti.
- Sentirsi emotivamente insensibile: Questo individuo ha perso interesse nelle attività quotidiane, si sente isolato dalla famiglia e dagli amici, o si sente emotivamente insensibile.

È abbastanza comune per le persone che soffrono di PTSD sperimentare anche altri tipi di disturbo d'ansia. Questi altri disturbi potrebbero essere stati sviluppati come risposta all'evento traumatico o sono stati sviluppati dopo il PTSD stesso. I comuni disturbi aggiuntivi che questo individuo può affrontare includono depressione, GAD e abuso di droghe o alcol.

Se qualcuno è passato attraverso un evento traumatico che ha coinvolto lesioni, abusi, torture o morte, allora può sperimentare i seguenti sintomi del PTSD:

- Flashback di ricordi o sogni dell'evento
- Se si ricorda l'evento, si diventa fisicamente e psicologicamente angosciati
- Hai difficoltà a ricordare parti significative di quell'evento
- Hai una prospettiva negativa su te stesso o su altre persone
- Incolpi costantemente te stesso o altre persone per quell'evento
- Senti costantemente le emozioni di rabbia, colpa o vergogna
- Non hai più interesse nelle cose che ti piacevano prima
- Ti senti come se ti stessi isolando dalle altre persone
- Fai fatica a provare emozioni positive come l'eccitazione o l'amore
- Hai difficoltà a dormire (per esempio, insonnia o incubi)
- Sei facilmente arrabbiato o irritato

- Ti ritrovi a impegnarti in comportamenti avventati e autodistruttivi
- Fai fatica a concentrarti
- Sei sempre attento o vigile
- Ti spaventi facilmente

Se qualcuno sente più di quattro di questi sintomi per più di un mese, è probabile che soffra di PTSD. Il PTSD è qualcosa che chiunque può sviluppare dopo un evento traumatico. Tuttavia, coloro che sono a maggior rischio sono normalmente evoluti in eventi che hanno coinvolto un danno intenzionale come l'aggressione fisica o sessuale. Oltre all'evento stesso, altri fattori di sviluppo del PTSD includono l'avere una storia di problemi di salute mentale, una vita stressante in corso, o la mancanza di supporto sociale.

Circa il 12% della popolazione ha sperimentato il PTSD nel corso della sua vita. Nel mondo occidentale, gli incidenti gravi sono le cause principali del PTSD. Se sei qualcuno che ha appena vissuto un evento traumatico e ti senti molto angosciato, inizia a parlare con il tuo medico di famiglia per farti diagnosticare. Prima viene attuato il trattamento, più efficace è nell'aiutarvi.

Quando si tratta di trattamento per il PTSD, molte persone guariscono da sole o attraverso il supporto di amici e familiari. A causa di questa statistica, il trattamento medico di solito non inizia fino ad almeno due settimane dopo l'evento traumatico. Anche se il trattamento formale di solito non viene offerto subito, è importante che i primi giorni dopo l'evento si vada a cercare aiuto e sostegno. Il sostegno della famiglia e degli amici è fondamentale per la maggior parte delle persone che attraversano un trauma. Ridurre al minimo altri eventi di vita stressanti è utile per permettere all'individuo di concentrare più tempo e sforzi sul proprio recupero. I trattamenti per il PTSD di solito iniziano con un trattamento psicologico, come le terapie parlanti come la CBT. In alcuni casi gravi, saranno prescritti dei farmaci, ma di solito non sono raccomandati con il PTSD.

Come sono collegati tutti i disturbi d'ansia?

Come avete appena imparato, molte volte, avere un disturbo d'ansia può portare a un rischio maggiore di svilupparne altri. Usiamo l'OCD come esempio. Un individuo che soffre di OCD spesso prova molta vergogna e segretezza quando si tratta delle sue tendenze compulsive. Molto spesso non vuole mostrare le sue tendenze ad altre persone. Questo crea poi una paura di stare con altre persone. Avere paura di interagire e stare in mezzo agli altri è anche un segno di un disturbo sociale. Se un disturbo d'ansia non viene trattato per lunghi periodi di tempo, è probabile che quei sintomi si trasformino in altri.

Tutti i disturbi d'ansia hanno una cosa in comune: la preoccupazione. Poiché la preoccupazione è la componente più grande dell'ansia ed è effettivamente responsabile della generazione dell'emozione dell'ansia, se qualcuno non è in grado di gestire la sua preoccupazione - probabilmente diventerà ansioso e mostrerà comportamenti ansiosi. La preoccupazione che causa lo sviluppo del GAD è la stessa preoccupazione che può causare lo sviluppo del disturbo di panico. Quando qualcuno ha a che fare con una quantità schiacciante di preoccupazione, i fattori ambientali giocano un ruolo nel determinare in quale tipo di disturbo si manifesta. Per esempio, usiamo due Bob e John come esempi. Bob e John sperimentano entrambi la stessa quantità di preoccupazione. Bob è cresciuto in un ambiente in cui i suoi genitori hanno esibito comportamenti di pulizia eccessivi. John è cresciuto in un ambiente in cui era timido e non ha mai imparato come uscire dalla sua timidezza. Supponendo che la quantità di preoccupazione che Bob e John stanno affrontando sia uguale, è probabile che Bob sviluppi un disturbo ossessivo-compulsivo a causa della sua esposizione alle tendenze di pulizia dei suoi genitori. Tuttavia, John è probabile che sviluppi un disturbo d'ansia sociale a causa della sua infanzia e della mancanza di aiuto per lavorare sulla sua personalità timida.

Il fattore comune nei disturbi d'ansia è la preoccupazione, che poi si manifesta in ansia. I fattori ambientali influenzano ciò che queste ansie diventano, il che influisce su quello che sarà il loro comportamento. Come abbiamo discusso prima, coloro che soffrono di un disturbo d'ansia possono svilupparne un altro se il primo non viene trattato entro un periodo di tempo ragionevole.

Come lo stile di vita moderno contribuisce ai disturbi d'ansia

Una domanda comune che viene posta spesso nella società moderna è: "C'è un'epidemia di ansia? Sembra che ovunque andiamo e tutti quelli che conosciamo stiano combattendo una sorta di disturbo d'ansia. I media parlano costantemente di depressione e ansia ed è probabile che una parte significativa delle persone che conosciamo faccia uso di farmaci per combattere i loro disturbi d'ansia. Siamo affetti dalle stesse forme di ansia dei nostri antenati? La risposta è che il modo in cui l'ansia si manifesta nelle persone non è davvero cambiato nel tempo, e in realtà siamo ancora affetti dalle stesse forme di ansia che colpivano i nostri antenati. Tuttavia, le cose che sono cambiate riguardo all'ansia sono i fattori scatenanti che affrontiamo. Le cause tradizionali dell'ansia che gli esseri umani affrontano sono ancora prevalenti oggi. Per esempio, sperimentiamo ancora l'ansia a causa di relazioni difficili, cattiva salute, povertà, svantaggio e disoccupazione. Alcune di queste fonti tradizionali di ansia sono in aumento nel presente. Queste fonti includono: solitudine, fattori di relazione indesiderati come il divorzio, o la violenza e l'abuso, l'abbandono dell'infanzia, l'aumento dello stress e delle ore di lavoro, e un senso opprimente di mancanza di controllo sulla nostra vita. Il senso di mancanza di controllo è particolarmente prevalente tra i giovani della nostra società che vengono introdotti al fallimento fin dall'inizio della loro vita a causa di un aumento dei test educativi sistematici. Fortunatamente, alcune delle fonti più tradizionali di ansia, come la povertà e la cattiva salute, sono in declino, ma questo crea spazio per nuove ansie come lo stress dei lavori moderni e la disuguaglianza di reddito.

Inoltre, la tecnologia moderna e i media hanno creato una serie completamente nuova di fonti di ansia per le generazioni attuali. Sì, stiamo parlando dei social media. La necessità di avere una connettività 24/7, la necessità di fare multitasking di varie attività in ogni momento, e la necessità di stare al passo con gli avvisi di notizie e scenari apocalittici. Nel prossimo futuro, quasi ogni singolo apparecchio nelle nostre case avrà la connettività internet per garantire l'accesso ai social media per tenervi online. Questo aumenterà le paure di hacking dei dati, furto d'identità, trolling, phishing e persino di adescamento. Anche i nostri semplici computer stanno portando ansie quotidiane che includono; password dimenticate, crash del disco rigido, e transazioni digitali quotidiane. Tutte le transazioni iniziano a sentirsi molto distanti quando sono fatte attraverso la tecnologia. Il più delle volte, tutto ciò che si desidera è semplicemente parlare con una persona reale. Per partire dall'ansia da social media, sapevate che la maggior parte dei ragazzi sotto i 20 anni non ha mai vissuto senza i social media? La ricerca attuale ha associato l'uso dei social media all'ansia sociale. La ricerca propone che l'ansia sociale e la solitudine possono generare sentimenti di disconnessione quando guardiamo costantemente le vite ricche e di successo degli altri. Un'altra conseguenza dell'uso dei social media è che i giovani tracciano il loro successo sociale e il loro status usando metriche come il numero di follower o di amici che hanno sui loro social media. Le metriche sono diverse rispetto al modo tradizionale in cui le persone contavano quanti amici reali avevano.

Oltre alle numerose ansie nuove e moderne, c'è un crescente cambiamento nella cultura sociale riguardo all'ansia. Questo cambiamento è stato molto contraddittorio in termini di messaggi che invia alla società. Ci viene costantemente detto che l'ansia è un sentimento appropriato in risposta allo stress dei giorni nostri. L'ansia viene quasi usata come uno status symbol che mette in mostra quanto si ha successo e quanto si è impegnati. Tuttavia, ci viene anche detto che avere troppa ansia richiede un trattamento. La diagnosi di diverse categorie di ansia è esplosa negli ultimi trent'anni. L'industria farmaceutica non è mai stata così desiderosa di medicalizzare l'ansia per venderci una cura farmaceutica. Questo ha portato a numerose campagne sociali nel corso degli anni per portare la consapevolezza dei disturbi della salute mentale (ad esempio, la depressione e l'ansia) per destigmatizzarla, diagnosticarla e cercare un trattamento medico per essa.

Anche se la nostra epidemia d'ansia suona come un destino, non è del tutto vero. Secondo la ricerca, il 20% delle persone soffre di livelli estremamente alti di ansia, ma in realtà non ci sono prove che supportino la crescita di questo rapporto. Se il rapporto rimane al 20%, a causa della crescita della nostra popolazione, crescerebbe anche il numero di persone che soffrono di ansia. Dato che più persone affrontano i disturbi d'ansia, più persone cercheranno un trattamento per questo, dato che continuiamo a portare la consapevolezza della salute mentale. D'altra parte, il 40% delle persone sperimenta bassi livelli di ansia e non sarà motivato a cercare un trattamento a meno che non attraversino un evento o un periodo molto angosciante della loro vita.

Fortunatamente, nuovi trattamenti psicologici, come la terapia cognitivo-comportamentale, sono costantemente sviluppati per trattare coloro che soffrono di ansia. La CBT è stata effettivamente introdotta in numerosi paesi e ha stabilito programmi di successo. Tuttavia, anche con i trattamenti più recenti, siamo ancora lontani dal poter aiutare il 100% delle persone a guarire dai disturbi mentali. Disturbi come GAD e OCD possono essere condizioni che durano tutta la vita e sono debilitanti. In alcuni casi, GAD e OCD sono molto resistenti anche quando esposti a farmaci e psicoterapie multiple. L'unico modo per aiutare più persone che soffrono di disturbi d'ansia è continuare a finanziare la ricerca con l'obiettivo di perfezionare e sviluppare terapie.

Probabilmente vi state ancora chiedendo se c'è davvero un'epidemia di ansia al giorno d'oggi. La risposta è sì, abbiamo un'epidemia, ma anche tutte le generazioni precedenti. La differenza qui è che abbiamo portato più consapevolezza ad essa grazie alla ricerca, e se ne parla di più oggi di quanto non si facesse prima. Un'altra differenza è che abbiamo sostituito le vecchie ansie che sono obsolete con una serie completamente nuova che è in continua evoluzione. Dobbiamo essere all'altezza della sfida e continuare a cercare di capire le cause moderne dell'ansia e la sofferenza che porta per affrontare il costo economico per la società. Dobbiamo continuare a sviluppare nuovi e più efficaci programmi di terapia su misura per combattere i nostri moderni disturbi d'ansia.

Come vengono diagnosticati i disturbi d'ansia?

Diagnosticare l'ansia è tutt'altro che semplice. A differenza delle malattie fisiche, non è causata da un germe o un batterio che può essere rilevato in un esame del sangue. L'ansia si manifesta in numerose forme e può anche essere un sintomo di altre condizioni mediche esistenti. Per diagnosticare correttamente l'ansia, è necessario completare un esame fisico. Questo permetterà al medico di determinare se altri problemi di salute stanno causando i sintomi dell'ansia o se l'ansia sta mascherando altri sintomi. Di solito, una storia completa della salute personale è necessaria per fare una diagnosi completa.

Una regola generale è che bisogna essere onesti al 100% con il medico che fa la diagnosi. Molte cose contribuiscono o possono essere influenzate dall'ansia. Questo include:

- Ormoni
- Malattie specifiche

- Consumo di caffè e/o alcol
- Farmaci

Alcune condizioni mediche possono anche causare sintomi che appaiono come l'ansia. I sintomi fisici dell'ansia includono:

- Respiro corto
- Cuore in corsa
- Sudorazione
- Shaking
- Brividi o vampate di calore
- Nausea
- Dolore al petto
- Vomito
- Diarrea
- Minzione frequente
- Bocca secca

È molto probabile che il tuo medico eseguirà una serie di esami fisici su di te per aiutare a escludere possibili condizioni mediche che imitano i sintomi dell'ansia. Le condizioni mediche che condividono sintomi simili all'ansia sono:

- Asma
- Attacco di cuore
- Astinenza legata all'abuso di sostanze

- Effetti collaterali dei farmaci per il diabete o la pressione alta
- Le crisi d'astinenza da farmaci usati per trattare i disturbi del sonno o l'ansia
- Ipertiroidismo
- Menopausa
- Angina

Dopo aver escluso condizioni mediche, il medico può suggerire di completare questionari di autovalutazione prima di completare altri test. Questo può aiutarvi a riconoscere se avete un disturbo d'ansia di esso, si sta reagendo a un evento o una situazione angosciante. Se le autovalutazioni danno come risultato la possibilità di un disturbo d'ansia, il medico può raccomandare di fare una valutazione clinica o di avere un colloquio strutturato con lei.

Capitolo 3: Cos'è la depressione?

L'ansia e la depressione sono i disturbi più comuni che le persone affrontano al giorno d'oggi. Tuttavia, cos'è esattamente la depressione? La definizione del dizionario della depressione è "sentimenti di grave sconforto e depressione". Tieni presente che la depressione non è la stessa cosa dei sentimenti di tristezza o dolore. La morte di una persona cara o la fine di una relazione sono entrambe esperienze molto difficili da vivere e sopportare per una persona. Durante questi momenti difficili, è del tutto normale che sorgano sentimenti di tristezza e dolore in risposta a queste situazioni. Le persone che stanno vivendo un evento di perdita potrebbero spesso descriversi come "depresse".

Detto questo, essere tristi non è la stessa cosa che avere il disturbo della depressione. Il processo di lutto di una persona è unico per ogni individuo, ma condivide molti degli stessi sentimenti che porta un disturbo depressivo. Sia la depressione che i sentimenti di lutto comportano sentimenti di tristezza e ritiro dalle attività abituali di una persona. Qui ci sono alcuni modi importanti per cui sono diversi:

- Quando una persona prova emozioni di lutto, i suoi sentimenti dolorosi spesso arrivano a ondate. Di solito sono mescolati con ricordi positivi sulla persona che è passata. Quando una persona prova un dolore intenso, il suo interesse e il suo umore diminuiscono per circa due settimane.

- Quando una persona è in lutto, la sua autostima di solito non cambia molto. Quando una persona ha la depressione, ha costanti sentimenti di disprezzo di sé e di inutilità.

- Per la maggior parte delle persone, la morte di una persona cara può causare una forte depressione. Per altre persone, potrebbe essere la perdita del lavoro o l'essere vittima di un'aggressione fisica. Quando la depressione e il lutto coesistono, il lutto è di solito un sentimento più grave e dura più a lungo del lutto senza depressione. C'è una certa sovrapposizione tra la depressione e il lutto, ma nonostante questo, sono ancora diversi. Aiutare una persona a distinguere tra lutto e depressione è necessario per aiutarla a ottenere aiuto, sostegno o trattamento.

La scienza dietro la depressione

Una delle cose più importanti per qualcuno che sta trattando la propria depressione è quella di comprenderla a fondo. Altrimenti, potrebbero dare la colpa della loro depressione ad altri fattori che sono malsani, come il loro aspetto fisico, la loro personalità o la loro vita sociale o la sua mancanza. Ci sono molte teorie dietro a ciò che causa la depressione, ma a causa di ampie ricerche, questa condizione è per lo più dovuta ai risultati di complessi fattori individuali. La teoria più ampiamente accettata dietro di essa è la chimica irregolare del cervello.

Coloro che soffrono di depressione a volte sono in grado di ricollegare la loro malattia a una specifica circostanza o evento, per esempio, qualcosa di traumatico che è successo loro. Tuttavia, non è nemmeno insolito che le persone si chiedano perché sono depresse perché si sentono come se non avessero una ragione per esserlo. In entrambi questi casi, imparare la scienza e le teorie dietro la depressione può essere molto utile per capire la propria versione della depressione.

I ricercatori in questo campo hanno teorizzato che per alcune persone, la depressione può essere causata dall'avere non abbastanza sostanze come i neurotrasmettitori nel cervello umano e questo può causare la depressione. Ripristinando alcune di queste sostanze chimiche del cervello e trovando un equilibrio sano, questo può alleviare i sintomi della depressione di alcune persone. È qui che entrano in gioco i farmaci come gli antidepressivi. Discuteremo le diverse classi e tipi di antidepressivi più avanti in questo libro.

Questa teoria sembra essere la più semplice da affrontare. Voglio dire, è solo una questione di biologia, matematica e prescrizione che può rimettere qualcuno in carreggiata, giusto? Sbagliato. Anche se sembra semplice, la depressione è una condizione estremamente complessa da trattare. Solo perché una persona ha trattato con successo la sua depressione usando i farmaci, non significa che la persona successiva possa trovare successo con lo stesso metodo. Anche un metodo di trattamento per qualcuno che ha funzionato con successo per un po' può lentamente iniziare a diminuire di efficacia nel tempo o addirittura smettere di funzionare completamente. Questo accade per numerose ragioni che gli scienziati stanno ancora cercando di comprendere. I ricercatori sono ancora pesantemente investiti in quest'area della scienza per continuare a cercare di capire più profondamente i meccanismi della depressione, comprese le sostanze chimiche nel nostro cervello, con la speranza di trovare più spiegazioni e prove per queste complessità al fine di continuare a sviluppare più metodi di trattamento per le persone.

La depressione è ancora una condizione che ha molte sfaccettature. Tuttavia, avere semplicemente la conoscenza o la consapevolezza della componente chimica nel cervello di una persona si rivela molto utile per i professionisti della salute mentale e medica, e per le persone che soffrono di disturbi depressivi. Di seguito è riportato un riassunto della scienza riconosciuta dietro un disturbo depressivo:

Neurotrasmettitori

Per semplicità, i "messaggeri" chimici nel nostro cervello sono chiamati neurotrasmettitori. Le cellule nervose del nostro cervello usano questi messaggeri, detti neurotrasmettitori, per comunicare tra loro. Crediamo che i messaggi che inviano giochino un ruolo enorme nella regolazione dell'umore di una persona. I tre neurotrasmettitori che sono responsabili della depressione sono:

- Dopamina
- Serotonina
- Norepinefrina

Oltre a questi neurotrasmettitori, ce ne sono altri che inviano messaggi nel cervello di una persona. Questi includono: GABA, acetilcolina e glutammato. Gli scienziati stanno ancora studiando le specifiche del ruolo che queste sostanze chimiche giocano nel cervello quando si tratta di depressione di una persona o di altre condizioni mentali come la fibromialgia e l'Alzheimer.

Impariamo un po' su come le nostre cellule comunicano con i nostri neurotrasmettitori. Una sinapsi è lo spazio tra due cellule nervose. Quando due cellule vogliono comunicare tra loro, i nostri neurotrasmettitori possono essere impacchettati e poi rilasciati dalla cellula per essere ricevuti dalla cellula destinata. Mentre questi neurotrasmettitori impacchettati viaggiano attraverso lo spazio, le cellule postsinaptiche possono accogliere quei recettori se sono alla ricerca di una specifica sostanza chimica. Per esempio, i recettori della serotonina mireranno a raccogliere le molecole di serotonina. Se ci sono molecole in eccesso in quello spazio, la cellula presinaptica raccoglierà quelle molecole e le userà in un'altra comunicazione rielaborandole. Diversi tipi di neurotrasmettitori portano messaggi diversi che giocano un ruolo specifico nella creazione della chimica del cervello di una persona. Lo squilibrio di queste sostanze chimiche è teorizzato per giocare un ruolo enorme nella depressione o in altre condizioni di salute mentale.

Norepinefrina

La norepinefrina ha un doppio scopo come neurotrasmettitore e ormone. È responsabile della risposta "lotta o fuga" che gli esseri umani sentono, compresa l'adrenalina. Aiuta a trasmettere messaggi tra le cellule. Negli anni '60, gli scienziati suggerirono che la sostanza chimica di interesse era la norepinefrina quando si trattava di cervello umano e depressione. Questi scienziati proposero la "catecolamina" come ipotesi di tutti i disturbi dell'umore. Hanno suggerito che quando non c'è abbastanza norepinefrina nel cervello umano, è allora che si verifica la depressione. Altrimenti, i disturbi maniacali si verificano quando il cervello di una persona ha troppa norepinefrina. Anche se ci sono molte prove a sostegno di questa affermazione, essa è stata messa in discussione da molti altri ricercatori. In primo luogo, hanno scoperto che i cambiamenti nei livelli di norepinefrina non influenzano l'umore di ogni persona. Inoltre, la depressione può essere alleviata in alcune persone cambiando i livelli di noradrenalina. In definitiva, i ricercatori di oggi hanno capito che i bassi livelli di norepinefrina non sono l'unica causa chimica della depressione.

Serotonina

La serotonina è una delle sostanze chimiche più conosciute nella popolazione generale. Quasi tutti sanno che la serotonina è la sostanza chimica del benessere nel cervello di una persona. Non solo la serotonina aiuta a regolare l'umore di una persona, ma ha anche una varietà di lavori diversi nel corpo umano che vanno dalla coagulazione del sangue alla funzione sessuale. Per quanto riguarda la depressione, i ricercatori hanno concentrato il loro tempo e i loro sforzi sulla serotonina negli ultimi 20 anni. Tutto questo grazie all'invenzione di antidepressivi come il Prozac o altri SSRI, noti come inibitori selettivi della ricaptazione della serotonina. Proprio come afferma il nome SSRI, questi tipi di farmaci si concentrano sull'azione sulle molecole di serotonina. Alcuni famosi medici hanno originariamente proposto che i bassi livelli di serotonina causano il calo della norepinefrina, ma i livelli di serotonina possono essere manipolati attraverso l'uso di farmaci per aumentare la norepinefrina. Un altro tipo di antidepressivo noto come antidepressivi triciclici (TCA) ha anche la capacità di influenzare sia la serotonina che la norepinefrina. Tuttavia, influenzano anche l'istamina e l'acetilcolina. Gli effetti collaterali dei TCA includono occhi secchi, bocca secca, sensibilità alla luce, gusto particolare in bocca, visione sfocata, esitazione urinaria e costipazione. Di conseguenza, gli SSRI non hanno effetto sui livelli di acetilcolina e istamina e non offrono gli stessi effetti collaterali dei TCA. A causa di questo, i medici e le persone depresse tendono ad optare per i TCA o per diverse classi di antidepressivi.

Dopamina

La terza sostanza chimica che ha un ruolo enorme nell'umore di una persona è la dopamina. Anche la dopamina è una sostanza chimica molto conosciuta, e la gente sa che è responsabile della felicità e dell'umore. I sentimenti positivi legati al rinforzo e alla ricompensa sono creati dalla dopamina, che aiuta le persone a rimanere motivate a continuare a fare un'attività o un compito. Gli scienziati credono anche che la dopamina giochi un ruolo importante in numerose condizioni che coinvolgono il cervello, tra cui la schizofrenia e il Parkinson. Ci sono prove che dimostrano che livelli più bassi di dopamina contribuiscono alla depressione in alcune persone. Quando le persone passano attraverso molti trattamenti che falliscono, i medici hanno prescritto farmaci che agiscono come la dopamina e hanno trovato successo in questo. Tenete a mente, tuttavia, che la maggior parte delle mediazioni utilizzate per la depressione di solito richiede 6+ settimane per essere efficace. Al giorno d'oggi, i ricercatori si stanno anche concentrando per scoprire se gli agenti dopaminergici nei farmaci possono produrre un risultato più veloce per il trattamento della depressione. Tuttavia, dobbiamo considerare che ci sono alcuni gravi svantaggi quando si usa la dopamina come farmaco. La produzione di dopamina può essere suscitata anche da droghe ricreative come alcol, oppiacei e cocaina. Non è raro che le persone si automedichino quando sono depresse usando queste sostanze. Quando qualcuno attiva il ciclo di ricompensa della dopamina attraverso l'uso di sostanze, si possono sviluppare dipendenze.

Bassi livelli di neurotrasmettitori

Se capiamo che la depressione è causata da bassi livelli di neurotrasmettitori, allora la nostra prossima domanda è: quali sono esattamente le cause di bassi livelli di norepinefrina, dopamina o serotonina per cominciare? La ricerca recente ha trovato alcune cause potenziali di squilibri chimici nel cervello di una persona. Questo include:

- Non ci sono abbastanza siti recettori disponibili per ricevere i neurotrasmettitori
- Non si produce abbastanza di un neurotrasmettitore specifico
- Non abbastanza molecole che sono responsabili della costruzione di neurotrasmettitori

- Le cellule presinaptiche riprendono il neurotrasmettitore prima che abbia la possibilità di essere ricevuto dalla cellula destinata
- Le molecole che sono responsabili della produzione di neurotrasmettitori si stanno esaurendo

Un'interruzione in qualsiasi punto del processo totale può portare a livelli più bassi di neurotrasmettitori. Numerose nuove teorie si concentrano sui fattori che causano bassi livelli, per esempio lo stress mitocondriale. Una delle principali difficoltà che medici e ricercatori hanno nel collegare bassi livelli di sostanze chimiche del cervello alla depressione è che non esiste un metodo che possa essere utilizzato per misurare in modo coerente e accurato. Anche altre parti del corpo umano sono responsabili della produzione di neurotrasmettitori. Anche queste quantità devono essere misurate e considerate quando si tratta di diagnosticare la depressione e quando si cerca un metodo di trattamento più efficace.

Tipi di depressione

Come abbiamo detto prima, la depressione è diversa per tutti, e quindi persone diverse richiedono metodi di trattamento diversi. La depressione non è una taglia unica; è un disturbo che si presenta in molte forme. Quando alle persone viene diagnosticata la depressione, i medici ne definiscono la gravità determinando dove è lieve, moderata o maggiore. Determinare questo può essere un compito complicato, ma sapere che tipo di depressione hai può aiutarti a gestire i tuoi sintomi e aiutarti a trovare la depressione più efficace per il tuo specifico tipo di depressione. Impariamo a conoscere alcuni tipi diversi:

Depressione lieve e moderata

I tipi più comuni di depressione sono la depressione lieve e moderata. Questo tipo di depressione è più che sentirsi "triste" o "blu", i sintomi di questo tipo di depressione spesso interferiscono con la vita delle persone privandole della motivazione e della gioia. Questi sintomi possono sentirsi amplificati nella depressione moderata e spesso portano ad abbassare l'autostima e la fiducia in se stessi di una persona.

Un tipo di depressione "di basso grado" si chiama distimia. Quando una persona ha la distimia, si sente da lieve a moderatamente depressa il più delle volte, ma queste persone hanno brevi periodi di umore normale. Ecco alcuni tratti caratteristici della distimia:

- I sintomi della distimia non sono così gravi o forti come quelli della depressione maggiore, ma hanno la tendenza a durare a lungo (minimo 2 anni)
- Alcune persone riferiscono di sperimentare intensi episodi depressivi oltre ad avere la distimia, questa è una condizione chiamata 'doppia depressione'.
- Quando una persona soffre di distimia, può sentirsi come se fosse sempre stata depressa per tutta la vita. Può pensare che il suo costante basso umore sia "solo il suo modo di essere".

Depressione maggiore

La depressione maggiore è una forma meno comune di depressione lieve o moderata; è caratterizzata da sintomi che sono gravi e inesorabili. Ecco due caratteristiche della depressione maggiore:

- Se la depressione maggiore non viene trattata, di solito dura circa 6 mesi
- Anche se alcune persone sperimentano un solo episodio depressivo nella loro vita, la depressione maggiore può essere un disturbo ricorrente per tutta la vita

Depressione atipica

La depressione atipica è un sottotipo di depressione maggiore molto comune che ha modelli di sintomi specifici. Ha una migliore risposta con alcuni farmaci e terapie rispetto ad altri, identificare questo tipo di depressione è molto utile quando si tratta di prescrivere il trattamento. Ecco alcuni tratti per descriverla ulteriormente:

- Le persone che hanno la depressione atipica di solito sperimentano un aumento temporaneo dell'umore in risposta ad eventi positivi. Questo include uscire con gli amici o ricevere una sorta di buona notizia.
- La depressione atipica include aumento dell'appetito, aumento di peso, sonno eccessivo, sensibilità al rifiuto e una "sensazione di pesantezza" nelle braccia e nelle gambe.

Disturbo Affettivo Stagionale (SAD)

Anche se molte persone pensano che questo tipo di depressione
sia solo un mito, è una condizione reale. Alcune persone, quando
sperimentano la riduzione delle ore di luce durante l'inverno,
possono formare un tipo di depressione chiamata disturbo
affettivo stagionale (SAD). Anche se questo non è un tipo di
depressione popolare, il SAD colpisce l'1% - 2% della
popolazione generale, prevalentemente nei giovani e nelle
donne. Il SAD può far sentire una persona completamente
diversa dalla persona che è in estate. Le persone tendono a
sentirsi stressate, tristi, senza speranza, tese e hanno poco
interesse per gli amici o le attività che normalmente godono. La
SAD di solito inizia durante l'autunno o l'inverno, dove le
giornate sono corte e rimane fino a quando non arrivano i giorni
più luminosi della primavera.

Sintomi della depressione

Una delle parti più importanti di questo capitolo è
l'apprendimento dei sintomi della depressione. Capire quali
sintomi sono causati dalla depressione può aiutare le persone a
identificare la differenza tra un periodo di lutto e un vero e
proprio disturbo depressivo. Quando una persona si sente triste,
ha pensieri negativi o ha problemi a dormire, non significa

necessariamente che abbia la depressione. Affinché una persona possa essere diagnosticata con un disturbo depressivo, deve presentare questi tratti:

- I sintomi della persona devono essere nuovi per loro o essere notevolmente peggiorati rispetto a come erano prima dell'episodio depressivo
- I sintomi della persona devono persistere per la maggior parte della giornata ed essere consistenti come quasi ogni giorno per almeno due settimane consecutive
- L'episodio che questa persona sperimenta deve anche essere accompagnato da un funzionamento compromesso o da un'angoscia clinicamente significativa

Quando si comincia a sospettare di avere un disturbo depressivo, è estremamente importante discutere tutti i sintomi che si possono avere. L'obiettivo dei trattamenti per la depressione è quello di aiutare le persone a sentirsi di nuovo se stesse, in modo che siano in grado di godere delle cose che erano solite fare. Per raggiungere questo obiettivo, i professionisti devono essere in grado di trovare il giusto trattamento per alleviare e affrontare tutti i sintomi. Anche se a una persona vengono prescritti dei farmaci adatti al suo tipo di depressione, questo può richiedere un bel po' di tempo. Infatti, alcune persone sono tenute a provare diversi farmaci fino a trovare quello che funziona meglio per il loro corpo specifico. L'obiettivo del trattamento della depressione non è solo quello di stare meglio, ma è soprattutto quello di stare meglio.

Dobbiamo ricordare in tutto questo libro che la depressione non è un semplice cambiamento di umore o un momento di "debolezza". La depressione è una vera e propria condizione medica che ha molti sintomi comportamentali, fisici, emotivi e cognitivi. Inizieremo a parlare di tutti i diversi tipi di sintomi della depressione.

Sintomi emotivi

I sintomi più comuni della depressione sono quelli emotivi. Questi sintomi sono quelli in cui si sente che sta influenzando il tuo stato d'animo. Ecco alcuni esempi di alcuni sintomi emotivi che le persone con la depressione devono sopportare:

- **Tristezza costante:** Questo sintomo è la sensazione di tristezza che si verifica in una persona depressa senza una ragione apparente. Questa sensazione può essere molto intensa; spesso ci si sente come se niente potesse farla sparire.
- **Sensazione di inutilità:** Una persona depressa spesso sperimenta sentimenti irrealistici di inutilità o di colpa.

Di solito, non c'è un evento specifico che provoca questi sentimenti; accadono a caso.

- **Pensieri suicidi o oscuri:** Questi tipi di pensieri possono verificarsi molto frequentemente durante la depressione di una persona. Questi pensieri devono essere presi molto seriamente, e quando una persona sperimenta queste emozioni, deve chiedere subito aiuto.

- **Perdita di interesse o di piacere in attività che prima piacevano:** Una persona depressa può sperimentare una perdita di interesse che colpisce tutte le aree della sua vita. Questo può variare dal non trovare piacere dai loro precedenti hobby alle attività quotidiane che la persona godeva.

Sintomi fisici

I sintomi fisici giocano un ruolo enorme nella depressione di una persona. Di solito, quando le persone sperimentano sintomi fisici, sono vicine a scoprire che potrebbero avere la depressione. Molte persone pensano che la depressione sia limitata ai sintomi emotivi, ma questo non è vero. Ecco alcuni sintomi fisici della depressione:

- **Scarsa energia: Le** persone che hanno la depressione in genere si sentono sempre come se avessero poca energia anche se non si sono sforzate. Questo tipo di stanchezza depressiva è diverso nel senso che né il sonno né il riposo possono alleviare questa stanchezza.

- **Compromissione psicomotoria: la** depressione può far sentire una persona come se tutto fosse rallentato. Questo include il rallentamento del discorso, il movimento del corpo, il pensiero, il discorso che è a basso volume, lunghe pause prima di rispondere, l'inflessione o il mutismo.

- Dolori: **la** depressione può spesso causare dolore fisico. Questo include dolori articolari, mal di stomaco, mal di testa, mal di schiena o altri dolori).

- **Insonnia o ipersonnia:** quando una persona è depressa, il suo sonno è spesso interrotto e si sente poco ristoratore. Quando la persona si sveglia, di solito è in qualche tipo di angoscia mentale che le impedisce di riaddormentarsi. Altri casi possono essere l'opposto in cui la persona dorme eccessivamente.

- **Cambiamento di peso:** un cambiamento nel peso di una persona è un segno significativo per i professionisti che stanno diagnosticando la depressione.

Sintomi comportamentali

Oltre ai sintomi emotivi e fisici, anche i sintomi comportamentali giocano un ruolo enorme quando si tratta di diagnosticare la depressione. Alcuni sintomi comportamentali includono:

- **Cambiamento dell'appetito: il** più comune di tutti i sintomi comportamentali della depressione è una diminuzione dell'appetito. Le persone con depressione riferiscono che il cibo sembra insapore e pensano che tutte le porzioni siano troppo grandi. Di conseguenza, alcune persone aumentano invece il loro consumo di cibo, soprattutto cibi dolci, il che può portare ad un aumento di peso.

- **Impressione di irrequietezza:** per alcune persone, la depressione le rende molto nervose e agitate. Possono fare fatica a stare fermi, non camminare, armeggiare con gli oggetti o agitarsi con le mani.

Sintomi cognitivi

I sintomi cognitivi sono uno dei sintomi di cui si parla meno quando si parla di depressione. Questo è difficile da diagnosticare, dato che molte persone non sanno se lo stanno vivendo. Il principale sintomo cognitivo della depressione è il seguente:

- **Difficoltà a prendere decisioni o a concentrarsi:** Una persona depressa può sperimentare una minore capacità di concentrazione o di pensiero. Questo li porta a mostrare comportamenti di indecisione.

Capitolo 4: Vantaggi e svantaggi della terapia cognitivo-comportamentale

Come discusso nel capitolo precedente, abbiamo imparato che la CBT potrebbe essere altrettanto efficace, se non di più, della medicina quando si tratta di trattare l'ansia e la depressione. Perché la CBT abbia successo, l'individuo deve avere un approccio impegnato. Di seguito, discuteremo i vantaggi e gli svantaggi di scegliere la CBT per combattere il tuo disturbo d'ansia.

Benefici della CBT

1. Gli studi hanno trovato ricerche che dimostrano che la terapia cognitivo-comportamentale è efficace quanto i farmaci quando si tratta di trattare i disturbi d'ansia e altri disturbi di salute mentale.
2. La CBT è sensibile al tempo - può essere completata in un breve lasso di tempo rispetto ad altri tipi di terapie comportamentali.

3. La CBT è altamente strutturata, il che significa che può essere usata in diversi formati. Questo include libri di auto-aiuto, gruppi e programmi per computer.

4. Durante la CBT, si imparano abilità utili e pratiche che si possono incorporare nella vita quotidiana. Questo può aiutarvi ad affrontare lo stress attuale e anche le difficoltà future.

Svantaggi della CBT

1. Per beneficiare pienamente della CBT, devi impegnarti nel processo. Un terapeuta può essere lì per aiutare e consigliare, ma non può aiutare a risolvere i tuoi problemi senza la tua cooperazione.

2. La natura strutturata della CBT potrebbe non essere adatta alle persone che soffrono di difficoltà di apprendimento o di problemi di salute mentale più complessi.

3. Alcune persone sostengono che la CBT aiuta solo con problemi attuali e questioni specifiche; non riesce ad affrontare la possibilità di cause sottostanti ai problemi di salute mentale. Per esempio, un'infanzia infelice.

4. La CBT spesso si concentra sulla capacità dell'individuo di cambiare i propri pensieri, sentimenti e comportamenti, ma non affronta una serie più ampia di

problemi quando si tratta di sistemi o famiglie. Questi problemi hanno tipicamente un grande impatto sulla salute e il benessere di qualcuno.

In conclusione, la CBT è efficace quando si tratta di aiutarvi a gestire problemi come l'ansia, per rendere meno probabile che abbia un impatto negativo sulla vostra vita. Tuttavia, c'è sempre il rischio che i sentimenti che associ ai tuoi problemi ritornino, ma se capisci e sai come usare le tue abilità CBT, dovrebbe essere facile per te controllarli. Se stai praticando la CBT con un terapeuta o attraverso un programma, è importante praticare le tue abilità apprese anche quando le sessioni sono finite.

Capitolo 5: Usare la CBT per gestire l'ansia e la depressione

Siamo ora sul nostro argomento più importante. Come funziona la CBT per trattare l'ansia e la depressione? Sappiamo che la base della CBT si basa sulla relazione tra pensieri, emozioni e comportamenti, e sappiamo anche che controllare i nostri pensieri porterà a controllare anche il comportamento. Il primo passo della CBT è imparare la capacità di controllare la preoccupazione. Prendendo il controllo della preoccupazione, questa non avrà l'opportunità di manifestarsi in ansia e depressione.

Stili di pensiero inutili

Per usare efficacemente la CBT, è necessario comprendere i diversi tipi di distorsioni cognitive o altrimenti noti come "stili di pensiero non utili". Sapendo quali sono questi diversi stili, si è in grado di identificare quando sta accadendo e usare la CBT per cambiare quel pensiero/preoccupazione. Determinando se la vostra preoccupazione è giustificata o no, siete in grado di controllare se la vostra preoccupazione porterà poi all'ansia. Qui sotto ci sono i dodici tipi di distorsioni cognitive che dovete imparare:

1. Pensare tutto o niente: Questo è altrimenti noto come "pensiero in bianco e nero". Si tende a vedere le cose in bianco o nero, o successo o fallimento. Se la vostra performance non è perfetta, la vedrete come un fallimento.

2. Sovrageneralizzazione: Vedete una singola situazione negativa come un modello che non finisce mai. Si traggono conclusioni su situazioni future basate su un singolo evento.

3. Filtro mentale: Si sceglie un solo dettaglio indesiderabile e ci si sofferma esclusivamente su di esso. La tua percezione della realtà diventa negativa in base ad esso. Notate solo i vostri fallimenti ma non guardate i vostri successi.

4. Squalificare il positivo: Scontate le vostre esperienze positive o i vostri successi dicendo: "questo non conta". Scontando tutte le tue esperienze positive, puoi mantenere una prospettiva negativa anche se è contraddetta nella tua vita quotidiana.

5. Saltare alle conclusioni: Si fa una supposizione negativa anche quando non si hanno prove a sostegno. Ci sono due tipi di salto alle conclusioni:

a. Lettura della mente: Immaginate di sapere già cosa pensano gli altri negativamente di voi, e quindi non vi preoccupate di chiedere.

b. Predire il futuro: Prevedi che le cose finiranno male, e ti convinci che la tua previsione è un fatto.

6. Ingrandimento/Minimizzazione: Ingrandisci le cose a dismisura o rimpicciolisci in modo inappropriato qualcosa per farlo sembrare poco importante. Per esempio, si esalta il successo di qualcun altro (ingrandimento) e si esclude il proprio (minimizzazione).

7. Catastrofizzazione: Si associano conseguenze terribili ed estreme al risultato di situazioni ed eventi. Per esempio, se si viene rifiutati per un appuntamento, significa che si è soli per sempre, e fare un errore al lavoro significa che si verrà licenziati.

8. Ragionamento emotivo: Si fa l'ipotesi che le proprie emozioni negative riflettano la realtà. Per esempio: "Lo sento, quindi è vero".

9. Affermazioni "dovrebbe": Vi motivate usando i "dovrei" e i "non dovrei" come se associaste una ricompensa o una punizione prima di fare qualcosa. Dal momento che associ una ricompensa/punizione con i "dovrei" e i "non dovrei" per te stesso, quando gli altri non li seguono, provi rabbia o frustrazione.

10. Etichettare ed etichettare male: Questa è una generalizzazione eccessiva all'estremo. Invece di descrivere il tuo errore, associ automaticamente un'etichetta negativa a te stesso, "sono un perdente". Lo fai anche con gli altri; se il comportamento di qualcun altro è indesiderabile, gli attribuisci anche "sono un perdente".

11. Personalizzazione: Ti prendi la responsabilità per qualcosa che non è stata colpa tua. Ti vedi come la causa di una situazione esterna.

12. Tutto in una volta, di sbieco: Questo è quando pensi che i rischi e le minacce siano proprio alla tua porta di casa, e anche la quantità sta aumentando. Quando questo si verifica, si tende a:

    a. Pensare che le situazioni negative si evolvono più velocemente di quanto tu possa trovare delle soluzioni

    b. Pensare che le situazioni si stanno muovendo così velocemente che ti senti sopraffatto

    c. Pensare che non c'è tempo tra ora e la minaccia imminente

    d. Numerosi rischi e minacce sembrano apparire tutti allo stesso tempo

Comprendendo queste distorsioni cognitive e gli stili di pensiero non utili, avrete l'opportunità di interrompere il processo e dire, per esempio, "Sto catastrofizzando di nuovo". Quando si è in grado di interrompere i propri stili di pensiero non utili, si è in grado di riadattarli a qualcosa di più utile. Nel prossimo capitolo, discuteremo alcuni consigli e trucchi per aiutarvi a sfidare le vostre distorsioni cognitive. Questa è una delle strategie principali della CBT.

Sfidare i tuoi stili di pensiero inutili

Una volta che siete in grado di identificare i vostri stili di pensiero non utili, potete iniziare a cercare di rimodellare quei pensieri in qualcosa di più realistico e concreto. In questo capitolo, ho classificato tutte le diverse distorsioni cognitive e quali domande dovreste porvi per sviluppare pensieri diversi.

Tieni presente che ci vuole molto sforzo e dedizione per cambiare i nostri pensieri, quindi non sentirti frustrato se non ci riesci subito. Probabilmente avete avuto questi pensieri per un po' di tempo, quindi non aspettatevi che cambino da un giorno all'altro.

Sovrastima della probabilità

Se trovi che hai pensieri su un possibile esito negativo, ma stai notando che spesso sopravvaluti la probabilità, prova a farti le domande qui sotto per rivalutare i tuoi pensieri.

- In base alla mia esperienza, qual è la probabilità che questo pensiero si avveri realisticamente?
- Quali sono gli altri possibili risultati di questa situazione? L'esito a cui sto pensando ora è l'unico possibile? Il risultato che temo è il più alto possibile tra gli altri risultati?
- Ho mai vissuto questo tipo di situazione prima? Se sì, cosa è successo? Cosa ho imparato da queste esperienze passate che mi sarebbe utile adesso?
- Se un amico o una persona cara sta avendo questi pensieri, cosa gli direi?

Catastrofizzazione

- Se la predizione di cui ho paura si avverasse davvero, quanto sarebbe grave?
- Se mi sento in imbarazzo, quanto durerà? Per quanto tempo le altre persone ricorderanno/parleranno di questo? Quali sono tutte le diverse cose che potrebbero dire? È al 100% che parleranno solo di cose brutte?

- Mi sento a disagio in questo momento, ma è davvero un risultato orribile o insopportabile?
- Quali sono le altre alternative per come potrebbe andare a finire questa situazione?
- Se un amico o una persona cara avesse questi pensieri, cosa gli direi?

Lettura della mente

- È possibile che io sappia davvero quali sono i pensieri degli altri? Quali sono le altre cose a cui potrebbero pensare?
- Ho delle prove a sostegno delle mie supposizioni?
- Nell'ipotesi che la mia supposizione sia vera, cosa c'è di male?

Personalizzazione

- Quali altri elementi potrebbero avere un ruolo nella situazione? Potrebbe essere lo stress dell'altra persona, le scadenze o l'umore?
- La colpa è sempre di qualcuno?
- Una conversazione non è mai responsabilità di una sola persona.

- Alcune di queste circostanze erano fuori dal mio controllo?

Dovrebbe Dichiarazioni

- Avrei gli stessi standard con una persona cara o un amico?
- Ci sono delle eccezioni?
- Qualcun altro lo farà in modo diverso?

Pensare tutto o niente

- C'è una via di mezzo o una zona grigia che non sto considerando?
- Giudicherei un amico o una persona cara allo stesso modo?
- L'intera situazione era negativa al 100%? C'è stata una parte della situazione che ho gestito bene?
- Avere/mostrare un po' di ansia è una cosa così orribile?

Attenzione selettiva/memoria

- Quali sono gli elementi positivi della situazione? Li sto ignorando?

- Una persona diversa vedrebbe questa situazione in modo diverso?
- Quali punti di forza ho? Li sto ignorando?

Credenze di base negative

- Ho delle prove che sostengono le mie convinzioni negative?
- Questo pensiero è vero in ogni situazione?
- Una persona cara o un amico sarebbe d'accordo con la mia autostima?

Una volta che ti sorprendi a usare questi schemi di pensiero non utili, poniti le domande di cui sopra per iniziare a cambiare i tuoi pensieri. Ricorda, la base fondamentale della CBT è l'idea che i tuoi pensieri influenzano le tue emozioni, che poi influenzano il tuo comportamento. Cogliendo e cambiando i tuoi pensieri prima che si trasformino in spirali, avrai il controllo delle tue emozioni e anche del tuo comportamento.

Esempi di CBT usati per trattare l'ansia

In questa fase del libro, ora hai una comprensione di cosa sono la CBT, l'ansia, la preoccupazione e gli stili di pensiero non utili. Passeremo ad alcuni esempi di vita reale in cui la CBT viene usata per trattare l'ansia. Questi esempi sono basati su sessioni reali di terapia in cui la CBT viene usata per aiutare il cliente a rimodellare i suoi pensieri e cambiare i suoi stili di pensiero. In questi esempi, il terapeuta identifica i problemi che il cliente sta affrontando e poi comincia a insegnare al cliente come usare la CBT per cambiare i suoi pensieri.

Esempio #1 (Sessione Uno)

Harriett ha 40 anni e ha due figli: Jeremy e Lynn, rispettivamente 17 e 13 anni. Ha un marito di nome Michael, lui è un avvocato e Harriett lavora come designer in una ditta di arredamento d'interni. È in terapia a causa dei suoi ricorrenti attacchi di panico e ha una storia di depressione. Ecco la trascrizione qui sotto tra Harriett e la sua terapeuta, Michaela.

Harriett: Non sono stata in grado di funzionare normalmente a causa dei miei recenti attacchi di panico. Il mio cuore comincia a correre e mi sento come se iniziassi a soffocare. Comincio a concentrarmi su di esso. Non sono sicura, in realtà.

Michaela: Cerca di concentrarti su di esso; dammi una sensazione di ciò che sta accadendo.

Harriett: Beh, in realtà il panico occupa tutto il mio corpo. Non riesco a pensare ad altro. Il mio cuore batte molto velocemente e anche il mio sangue è caldo e veloce. Mi sento come se stessi morendo. Sono già andata al pronto soccorso tre volte perché pensavo di essere in pericolo.

Michaela: Quindi ti senti completamente preoccupato?

Harriett: Michael, mio marito, era in ritardo e aveva anche perso le chiavi della macchina. L'intera situazione era una follia. Dopo aver riunito tutti, ho iniziato a singhiozzare. Piangevo così tanto che era incontrollabile.

Michaela: E cosa è successo dopo?

Harriett: Beh, dopo essermi rimessa in sesto, ho iniziato a prepararmi per il lavoro. Una volta entrata in macchina, mi sono bloccata. Il mio cuore ha ricominciato a correre e ho sentito un formicolio su tutte le braccia. Ho pensato che stavo per svenire. La mia prima reazione è stata quella di portarmi al pronto soccorso, così ho telefonato a Michael, ma era ancora troppo sconvolto e arrabbiato per l'incidente di quella mattina. Ha detto che avrei dovuto chiamare qualcun altro per portarmi al pronto soccorso. Così ho chiamato la mia unica altra opzione, mio figlio Jeremy, e lui ha lasciato la scuola per portarmi al pronto soccorso. Mi sentivo così imbarazzata. Una volta che sono stata valutata dalla dottoressa, ha detto che non c'era niente di sbagliato in me.

Michaela: Cosa ne pensi?

Harriett: Ero sicura che c'era sicuramente qualcosa che non andava in me. Le sensazioni fisiche che provavo erano così reali; sai il formicolio e il cuore che batte? Il medico suggerì che uno psichiatra sarebbe stato in grado di aiutarmi.

Michaela: Allora sei andata a prendere un appuntamento con lo psichiatra?

Harriett: Sì, ho fatto una serie di esami e tutti i miei risultati sono stati negativi. Ho avuto un altro appuntamento con un altro psichiatra il giorno seguente e mi ha prescritto dei farmaci che sembrano aiutare un po'.

Michaela: Sa che tipo di farmaci le sono stati prescritti?

Harriett: Penso che fossero antidepressivi. Non sono completamente sicura.

Michaela: Sei mai stato depresso prima?

Harriett: Sì, penso di sì. Mi sento come se avessi combattuto con attacchi di depressione durante tutta la mia vita.

Michaela: Dammi qualche esempio delle tue battaglie con la depressione.

Harriett: Beh, per esempio, mi sento come se stessi combattendo attualmente. Mio marito è un avvocato, il che significa che è praticamente impegnato tutto il giorno ogni giorno. Jeremy è un adolescente e anche lui è sempre occupato. Lynn sta diventando un'adolescente ed è nella fase in cui sente che sua madre ha sempre torto. Mi sento come se camminassi sempre su gusci d'uovo. Mi sento costantemente come se non valessi niente. Mi sento come se tutta la speranza fosse persa.

Michaela: Quindi ti senti come se tutto fosse squallido e che non c'è speranza?

Harriett: Sì, sembra che la mia vita sia miserabile. Quasi come una tragedia.

Michaela: Quindi non è solo adesso?

Harriett: No.

Michaela: Dimmi di più su quello che senti.

Harriett: Beh, quando avevo 13 anni, la stessa età di Lynn, fu quando mia madre morì di cancro. È stato come se tutta la mia vita fosse finita. Ho amato mia madre così profondamente, e penso costantemente a come sarebbero state le cose per mia figlia se io...

Michaela: Se quello che è successo a tua madre succedesse a te?

Harriett: Sì.

Michaela: Cosa sarebbe...?

Harriett: Mi chiedo come sarebbe per mia figlia.

Michaela: E avevate la stessa età?

Harriett: Sì, avevo 13 anni quando mia madre è morta. La stessa età che ha Lynn adesso. Ripenso sempre a tutte le cose che ho dovuto fare in quel periodo. Ero la sorella maggiore, quindi ho assunto il ruolo di prendermi cura di mio padre, mia sorella e mio fratello.

Michaela: Com'era? Cosa hai dovuto fare?

Harriett: Mio padre divenne molto depresso e si mise a bere. Dovevo prendermi cura di lui. Sarei stata la prima ad alzarmi di tutti per preparargli la colazione. Dovevo assicurarmi che mio padre andasse al lavoro, il che significava che dovevo svegliarlo. Dopo di che, dovevo preparare il pranzo per tutti e poi prepararmi per la scuola. Dovevo anche controllare i miei fratelli durante il giorno.

Michaela: Cosa ne pensi di questo?

Harriett: Non affrontare i nostri sentimenti era un tema costante nella mia famiglia. Abbiamo semplicemente spinto i nostri sentimenti verso il basso e lontano.

Michaela: Li ha spinti giù? Capisco. Cosa succedeva con tuo padre? Hai detto che era depresso e beveva molto.

Harriett: Sì. Gli mancava molto mia madre, e lo capivo, mancava anche a me. Ero il figlio maggiore, quindi si sfogava molto su di me.

Michaela: Come si è sfogato con te?

Harriett: Scherzava sempre sul fatto che ero troppo stupida per andare al college. Io volevo andare al college.

Michaela: Quindi lui ti criticava?

Harriett: Sì, mi sminuiva costantemente, e io gli dicevo che mi stava sminuendo. Lui si arrabbiava e poi diceva che stava solo scherzando.

Michaela: Come ti sei sentita?

Harriett: Mi ha fatto sentire male perché non si può davvero arrabbiarsi così tanto per uno "scherzo". Ero confusa. Ho preso tutti quei sentimenti e li ho infilati il più in basso possibile.

Michaela: Abbattere i sentimenti è qualcosa che fai ancora adesso?

Harriett: Sì, anche Michael ha questa tendenza a criticare.

Michaela: E quando affronti questo tipo di critica, come ti fa sentire?

Harriett: Mi arrabbio molto, e dopo, di solito mi viene detto che era solo uno scherzo.

Michaela: Cosa fai quando hai questi sentimenti di rabbia?

Harriett: Io soffoco i sentimenti. Non mi piace affrontare quei sentimenti.

Michaela: Se stai soffocando i tuoi sentimenti come fai con Michael e tuo padre, che impatto ha su di te? Che prezzo stai pagando per soffocare i tuoi sentimenti?

Harriett: Non lo so.

Michaela: Neanche io sono sicura. Questo potrebbe essere un possibile argomento che possiamo discutere nelle nostre sessioni future.

Harriett: Sì.

Michaela: Va bene, vediamo se ho capito tutto quello che mi hai detto finora. Per favore, fammi sapere se mi sbaglio. Hai a che fare con molto panico, e lo hai sperimentato attraverso gli attacchi che hai avuto. Questo ti ha anche portato al pronto soccorso un paio di volte. Sembra che tu stia affrontando diverse cose.

Harriett: Sì, esatto.

Michaela: Cominciamo parlando di cosa possiamo fare per questi attacchi di panico. Poi, parliamo della tua attività di soffocamento dei sentimenti e dell'impatto che ha su di te.

Michaela: Vorrei che provaste a notare quando cominciate ad avere attacchi di panico e il momento esatto in cui cominciate ad abbattere i vostri sentimenti. Ne parleremo nella prossima sessione.

In questo esempio, la terapeuta Michaela è stata in grado di identificare due questioni importanti. Il primo erano gli attacchi di panico di Harriett; continueremo ad esplorarlo più in dettaglio e a progettare un piano di trattamento, dato che questo ha un impatto notevole sulla sua vita. Una volta che Harriett avrà acquisito le competenze per tenere sotto controllo i suoi attacchi di panico, potremo affrontare il prossimo problema che è l'impatto della sua depressione e ansia.

Esempio #2 (Sessione due)

Michaela: Cerchiamo di capire meglio i tuoi attacchi di panico. Parlami del peggiore incidente che hai avuto.

Harriett: Era una mattina folle; tutti erano appena usciti. Michael era andato al lavoro e i bambini a scuola. Una volta che tutti se ne sono andati ho iniziato a piangere in modo incontrollabile. In qualche modo, il mio pianto è finito e ho iniziato a prepararmi per il lavoro.

Michaela: Proviamo qualcosa qui. Potrei chiederle di chiudere gli occhi e di sedersi sulla sedia?

Harriett: Sì, certo.

Michaela: (Durante questo tempo, Michaela esplora il processo di pensiero di Harriett e i sentimenti relativi all'incidente. Ha usato una tecnica di immaginazione per guidarla a notare i pensieri a cui normalmente non presterebbe attenzione. L'obiettivo di questo esercizio è di aiutare Harriett a vedere che i suoi pensieri e le sue emozioni sono collegati e come questo influenza il suo comportamento fisico, come i suoi attacchi di panico).

Harriett: Sono salita in macchina mentre stavo per andare al lavoro. Improvvisamente, mi sono sentita stordita. Mi sono spaventata perché ho pensato che l'attacco di panico stesse succedendo di nuovo. Il mio cuore ha cominciato a battere molto velocemente, e ho iniziato a respirare pesantemente e molto velocemente. Ho pensato di dover andare al pronto soccorso perché stavo avendo un attacco di cuore. Avevo paura di non farcela. Ho pensato che dovevo chiedere aiuto. Mi sentivo come se i miei polmoni si stessero chiudendo su di me.

Michaela: (Michaela identifica che Harriett sta avendo una valutazione catastrofica della situazione descrivendo che pensa di morire di nuovo e sta avendo un attacco di cuore. Michaela vuole far capire ad Harriett che lei non è una vittima passiva durante i suoi attacchi di panico, e che se lei fosse capace di guardare la sua situazione da una nuova prospettiva, avrebbe la capacità di affrontarla in modo diverso. Lei può cambiare il proprio esito)

Michaela: In questa situazione, tutti erano andati a scuola o al lavoro, e tu hai provato un senso di sollievo. Poi hai avuto queste sensazioni di panico?

(Affinché Michaela aiuti Harriett a vedere la connessione tra lo stimolo scatenante, i pensieri, le emozioni e il comportamento,

Michaela decide di usare la metafora di un orologio visivo per aiutare Harriett a vedere chiaramente la sua situazione. 12:00 è la situazione, 3:00 sono i suoi sentimenti apprensivi, l'ansia e la paura, 6:00 sono i pensieri catastrofici che avvengono automaticamente, e 9:00 sono i comportamenti di un attacco di panico).

Michaela: Quindi i pensieri che avevi: "Sta succedendo di nuovo? Sto perdendo il controllo!" Poi, non potendo andare al lavoro e cercando aiuto, "Chi posso chiamare per aiutarmi?" Sembra che sia un ciclo.

Harriett: Sì, un circolo vizioso.

Michaela: Questo è qualcosa che possiamo esaminare. (Con l'accordo di Harriett, Michaela la aiuta ad esplorare i modi in cui Harriett può iniziare a controllare i propri pensieri)

Michaela: Un'azione che dovrai iniziare a fare è annotare quando cominci ad avere sensazioni di ansia. Sii molto specifico quando questo accade. Poi, saremo in grado di tenere un registro delle specifiche situazioni che inducono ansia.

Harriett: Sì.

Michaela: (L'obiettivo del trattamento qui sarà quello di tenere sotto controllo gli attacchi di panico di Harriett. Michaela lo farà insegnando ad Harriett come la paura anticipatoria gioca un ruolo quando si tratta della natura degli attacchi di panico. Michaela aiuterà anche Harriett a gestire i suoi sintomi, a prestare attenzione ai segnali di avvertimento, a interrompere il suo critico interiore, agli esercizi di respirazione, all'allenamento al rilassamento, alla ristrutturazione cognitiva per aiutare a controllare gli stili di pensiero catastrofici, a interpretare accuratamente i sintomi dell'ansia e a imparare le tecniche di coping).

Alla fine della seconda sessione, Michaela ha deciso che implementerà il seguente piano di trattamento di terapia cognitivo comportamentale per Harriett:

- Imparare il ruolo che la paura anticipatoria gioca negli attacchi di panico
- La natura dei disturbi di panico
- Abilità per aiutare a gestire i sintomi di ansia/panico
- Ristrutturazione cognitiva (cambiare gli stili di pensiero non utili)
- Esposizione graduata allo stimolo del panico
- Pratiche di tecniche di coping

Esempio #3 (Sessione Tre)

Harriett: Allora, martedì scorso, quando sono entrata nella stanza di Lynn la sera per farle sapere che la cena era pronta, lei ha cominciato a gridarmi contro...

Michaela: (continua a monitorare l'ansia di Harriett concentrando la sua attenzione sui pensieri e i sentimenti di Harriett durante la situazione)

Michaela: Aiutami a capire meglio cosa è successo con Lynn. Come ti sei sentita dopo essere entrata nella sua stanza?

Harriett: Beh, sentivo che la rottura non era colpa mia. Sentivo che non era giusto. Sentivo che non avrei potuto fare nulla. Ho cominciato a pensare che in questa famiglia niente di quello che faccio è giusto.

Michaela: Cosa è successo dopo?

Harriett: Ho lasciato la sua stanza. Ero in grado di vedere come stavo cominciando a irritarmi per questo. Sentivo che il mio petto cominciava a chiudersi su questi sentimenti.

Michaela: (Michaela nota che Harriett tende a interpretare i suoi sentimenti di irritazione e rabbia come tensione e ansia. Li descrive in termini fisici come una sensazione di tensione nel petto).

Harriett: Tutto il mio corpo era molto teso, ma ho cercato di calmarmi.

Michaela: Hai sentito di nuovo la sensazione del tuo cuore che correva?

Harriett: Sì, il mio cuore stava correndo e il mio respiro era soffocato.

Michaela: Cosa è successo questa volta?

Harriett: Ho appena lasciato la situazione lasciando la stanza di Lynn.

Michaela: (Dopo aver fatto un rapido esame del resto dei pensieri, sentimenti, emozioni e comportamenti di Harriett, Michaela ha deciso di concentrarsi sul problema dell'iperventilazione di Harriett. Vuole aiutare Harriett a regolare i suoi cambiamenti corporei durante l'iperventilazione e dare ad Harriett un senso di controllo. Michaela decide di usare un metodo chiamato respirazione diaframmatica come strumento di coping per Harriett).

Michaela: Quando gli esseri umani sperimentano attacchi di panico, una cosa che tende ad accadere è che cominciano a respirare molto velocemente. Questo è l'atto di iperventilazione. Quando le persone sperimentano questo tipo di respirazione, tende a rendere il loro corpo più teso. Quindi molte delle sensazioni che hai durante gli attacchi di panico: formicolio, vertigini, vampate di calore e di freddo, sono tutti sintomi legati al modo in cui stai respirando. Quindi, se impari a controllare la tua respirazione, questo potrebbe aiutarti a fermare il circolo vizioso dell'iperventilazione. Prendiamoci un minuto per praticare un esercizio di respirazione.

Harriett: Certo.

Michaela: Bene. Questo vi darà un'idea di ciò che potete controllare. Per favore, si sieda sulla sua sedia in una posizione comoda. Poi, chiuda gli occhi.

Michaela: Inizia facendo un respiro lento e profondo, riempiendoti il petto, e trattienilo. Espira lentamente e fai finta che stai cercando di raffreddare un cucchiaio di zuppa respirandoci sopra ma senza rovesciarlo. Senti il calore e la calma della zuppa. Pensa alle cose di cui abbiamo parlato riguardo a come l'essere tesi contribuisca pesantemente al circolo vizioso dell'iperventilazione.

Michaela: (Nella fase successiva, Michaela decide di concentrarsi sulla componente cognitiva del disturbo di panico di Harriett. Michaela decide di esaminare i pensieri di Harriett usando un aneddoto).

Michaela: Un'altra parte di questo circolo vizioso di cui abbiamo parlato sono i tipi di pensieri che stai avendo. Affinché entrambi possiamo comprenderli meglio, torniamo alla situazione con Lynn ed esaminiamo cosa pensavi e come ti sentivi in ogni fase.

Harriett: Va bene.

Michaela: Riprendiamo dal momento in cui sei entrato nella stanza di Lynn. Che cosa ha detto?

Harriett: Ha cominciato a urlarmi contro perché invadevo sempre la sua privacy. Ho pensato che fosse così ingiusto. Non ho fatto nulla di male dicendole che la cena era pronta.

Michaela: Quindi ti attaccava a caso?

Harriett: Sì, non ho fatto niente. Dopo aver lasciato la sua stanza, ho pensato a me stessa come non posso mai fare le cose giuste per la mia famiglia e come sono sempre nel torto. Non posso mai avere ragione e sono inutile.

Michaela: Così questi pensieri di "Non faccio mai niente di giusto, e non sono mai apprezzato", sono una parte del tuo circolo vizioso?

Harriett: Sì, esattamente.

Michaela: Vorrei esaminare due componenti di questo. La prima è: quali sono le cose che puoi fare per modificare i tuoi pensieri? La seconda è: da dove vengono questi pensieri e sentimenti? Cominciamo con il cercare di uscire da quel ciclo, e poi passeremo a capire da dove vengono i tuoi sentimenti.

Harriett: Ok.

Michaela: Spiegami quali erano questi pensieri.

Harriett: Allora, ho pensato che il suo urlare contro di me in quel modo non fosse giusto. Non ho fatto niente di male. Tutto quello che ho fatto è stato farle sapere che la cena era pronta. Quando ho iniziato a lasciare la sua stanza, ho iniziato a pensare che è sempre così. Sono sempre nel torto e non faccio nulla di giusto. Sono un completo fallimento.

Michaela: (Quando Harriett descrive questi pensieri, Michaela li identifica come pensieri automatici. Aiuterà Harriett a trovare le prove che supportano o non supportano i suoi pensieri per aiutare Harriett a vedere le cose da una prospettiva diversa)

Michaela: È vero che sei un completo fallimento?

Harriett: No, assolutamente no.

Michaela: Esattamente, non sei un completo fallimento.

Harriett: No, non lo sono.

Michaela: In quali modi non sei un completo fallimento? (Michaela sta sfidando Harriett a trovare prove per dimostrare che lei non sta sempre fallendo).

Harriett: Ho fatto così tanto in passato, e ho dovuto crescere i miei fratelli quando ero ancora una bambina. Mio padre continuava a dirmi che non avrei potuto andare a scuola perché ero troppo stupida. Ho fatto in modo di andare a scuola comunque e l'ho pagata interamente io.

Michaela: Quindi ti sei pagata la scuola da sola?

Harriett: Sì.

Michaela: Così quando tua madre è morta, hai dovuto occuparti di tuo padre e dei tuoi fratelli.

Harriett: Sì.

Michaela: Poi sei andato a scuola?

Harriett: Sì. Mio padre era estremamente depresso e non faceva altro che bere. Continuava a dirmi che ero troppo stupida per studiare interior design. Per dimostrargli che si sbagliava, sono entrata in una scuola d'arte e ho studiato.

Michaela: Quindi sei stato ancora in grado di farlo nonostante le cose che ha detto su di te?

Harriett: Sì.

Michaela: Hai altri esempi del perché non sei un fallito?

Harriett: Beh, Jeremy è entrato in un buon college e sta per andarci, quindi è davvero fantastico. I ragazzi sono abbastanza bravi.

Michaela: E il tuo lavoro? Ti senti come se stessi fallendo anche lì?

Harriett: Niente affatto, ci lavoro già da più di due anni.

Michaela: Quindi, in base alla tua ipotesi di essere un completo fallimento, corrisponde alla descrizione di qualcuno che ha realizzato tutte queste cose?

Harriett: No, credo di no.

Michaela: (La discussione delle prove che sono coerenti con il fatto che Harriett non è un fallimento, le ha dato speranza. Ha iniziato a piangere dolcemente a questa realizzazione)

Michaela: La supposizione che tu sia inutile e un completo fallimento corrisponde all'evidenza di chi sia effettivamente Harriett?

Harriett: No.

Michaela: (Per convalidare le reazioni di Harriett, Michaela decide di aiutare Harriett ad apprezzare come i sentimenti che ha avuto non solo siano normali ma appropriati data la sua infanzia e la storia con suo padre)

Michaela: Le lacrime che vedo che hai in questo momento sono un segno di quanto sei in contatto con i tuoi sentimenti ora.

Harriett: Sì, lo sono.

Nelle tre sessioni successive con Harriett e Michaela, furono in grado di usare una varietà di tecniche CBT per aiutare Harriett a sviluppare il controllo sui suoi attacchi di panico. Usarono la respirazione diaframmatica per gestire la sua iperventilazione e la paura anticipatoria. Identificarono le distorsioni cognitive di Harriett e la sua tendenza a catastrofizzare e si esercitarono a controllare i suoi stessi pensieri per stabilire cosa è vero e cosa è solo un pensiero. Michaela incoraggiò Harriett a praticare queste abilità di coping ogni giorno come una forma di esperimento per vedere cosa funzionava con lei e cosa no.

Per analizzare gli ultimi tre esempi, siamo stati in grado di vedere chiaramente come il terapeuta ha identificato le aree in cui Michaela stava mostrando stili di pensiero non utili. In questo caso, stava catastrofizzando. Siamo stati in grado di vedere come il terapeuta usa la CBT per identificare questi pensieri, alcuni dei quali sono automatici, e per aiutare il cliente a trovare le proprie prove che non sono coerenti con quei pensieri. Le tecniche di respirazione sono usate per aiutare a calmare i sintomi dell'ansia e aiutare a rifocalizzare l'attenzione dai pensieri ansiosi alla semplice gestione dei sintomi fisici. Una cosa che avrete notato negli esempi precedenti è che è fondamentale che il cliente e il terapeuta lavorino come una squadra. Ci deve essere piena cooperazione e dedizione alla pratica di nuove abilità, processi di pensiero e tecniche di coping. La CBT è efficace solo se il cliente la pratica nella sua vita quotidiana.

Usare la CBT per trattare altri disturbi mentali

In questo libro, ci siamo concentrati soprattutto su come la CBT è usata per combattere disturbi come l'ansia, ma la CBT è stata originariamente sviluppata per il trattamento della depressione. Da allora, la CBT è stata usata per trattare una varietà di disturbi in diversi contesti. Su 250 analisi e ricerche condotte negli ultimi decenni, gli scienziati hanno trovato forti prove a favore dell'uso della CBT per molteplici tipi di disturbi mentali. Mentre la maggior parte di questi studi si è concentrata sulla popolazione adulta, ci sono alcune prove che supportano la CBT nei bambini, negli adolescenti e nella popolazione anziana.

Usare la CBT per l'ansia

La maggior parte delle ricerche e delle pratiche fino ad oggi supportano l'uso della CBT per il trattamento dell'ansia. La CBT è molto efficace quando si tratta di trattare disturbi d'ansia come: ansia sociale, ansia generalizzata e PTSD. Ha anche dimostrato di essere efficace per i disturbi meno comuni come le fobie e l'OCD. Infatti, il National Institute for Health and Care Excellence (NICE) raccomanda che la terapia cognitivo-comportamentale sia il primo approccio come trattamento per i disturbi d'ansia.

Usare la CBT per la depressione

Ci sono forti prove che sostengono l'uso della CBT per trattare la depressione a un livello moderato. Tuttavia, non c'è una forte evidenza che supporta la CBT come trattamento per la depressione più grave o il disturbo bipolare. Tuttavia, la CBT funziona ancora meglio per la depressione moderata rispetto a nessun trattamento e meglio di altre terapie farmaceutiche o comportamentali. L'evidenza per la depressione grave è mista, ma alcuni studi suggeriscono che la CBT è efficace quanto i farmaci. Si dice anche che la CBT è efficace quando si tratta di prevenire ricadute nel BPD.

Capitolo 6: Altri metodi per gestire l'ansia e la depressione

Anche se la CBT è un trattamento efficace per l'ansia e la depressione, ci sono metodi alternativi che aiutano la sua efficacia se sono anche praticati. Metodi come la mindfulness e la meditazione, il miglioramento della salute fisica, la prevenzione di cattive abitudini come la procrastinazione, e la pratica della gratitudine vanno molto lontano nella gestione dell'ansia e della depressione. Diamo un'occhiata a questi altri metodi.

Mindfulness e meditazione

La meditazione più comunemente praticata è la meditazione mindfulness. La meditazione mindfulness è un tipo di pratica di allenamento mentale che consiste nel concentrare la mente sui propri pensieri e sensazioni nel momento presente. Questo include le tue emozioni attuali, le sensazioni fisiche e i pensieri che passano. La meditazione Mindfulness di solito coinvolge la pratica della respirazione, le immagini mentali, la consapevolezza della tua mente e del tuo corpo, e il rilassamento dei muscoli e del corpo. In genere è più facile per i principianti seguire una meditazione guidata che li dirige durante l'intero processo. È estremamente facile andare alla deriva o addormentarsi durante la meditazione se non c'è nessuno che ti guida. Una volta che si diventa più abili nella meditazione mindfulness, si è in grado di farla senza una guida vocale, ma questo richiede forti capacità mentali.

Meditazione di consapevolezza

In seguito, parleremo di come praticare la meditazione mindfulness. Uno dei programmi originali e standardizzati per questo tipo di meditazione si chiama programma Mindfulness-Based Stress Reduction (MSBR). Questo programma è stato sviluppato da Jon-Kabat-Zinn, Ph.D., che era uno studente di un monaco buddista, Thich Nhat Hanh. Questo particolare programma standardizzato si concentra sulla propria consapevolezza e sul portare la propria attenzione al presente. Questo metodo è stato sempre più incorporato nelle impostazioni mediche per trattare molte condizioni di salute tra cui lo stress, il dolore e l'insonnia. Questo metodo è abbastanza diretto. Tuttavia, si raccomanda che un insegnante o un programma possa aiutarvi a guidarvi all'inizio. La maggior parte delle persone lo fa per almeno dieci minuti al giorno, ma anche un paio di minuti ogni giorno possono fare la differenza nel vostro benessere. Questa è la tecnica di base che vi aiuterà ad iniziare:

1. Trova un posto tranquillo in cui ti senti a tuo agio. Idealmente, la tua casa o qualcuno dove ti senti sicuro. Siediti su una sedia o sul pavimento. Assicurati che la tua testa e la tua schiena siano dritte ma non tese.

2. Cerca di ordinare i tuoi pensieri e metti da parte quelli che sono del passato e del futuro. Attieniti ai pensieri che riguardano il presente.

3. Porta la tua consapevolezza al tuo respiro. Assicurati di concentrarti sulla sensazione dell'aria che si muove attraverso il tuo corpo mentre inspiri ed espiri. Sentite il modo in cui la pancia si alza e si abbassa. Sentite l'aria entrare dalle narici ed uscire dalla bocca. Assicurati di prestare attenzione alle differenze in ogni respiro.

4. Guarda ogni pensiero che va e viene. Agisci come se stessi guardando le nuvole, lasciando che passino davanti a te mentre guardi ognuno di essi. Che il tuo pensiero sia una preoccupazione, una paura, un'ansia o una speranza - quando questi pensieri vengono fuori, non ignorarli o cercare di sopprimerli. Semplicemente riconoscili, rimani calmo e ancorati con il tuo respiro.

5. Potresti ritrovarti a farti trasportare dai tuoi pensieri. Se questo accade, osserva dove la tua mente è andata a finire e, senza esprimere un giudizio, ritorna semplicemente al tuo respiro. Tieni presente che questo succede spesso ai

principianti; cerca di non essere troppo duro con te stesso quando succede. Usa sempre il tuo respiro come un'ancora di nuovo.

6. Quando ci avviciniamo alla fine della sessione di 10 minuti, siediti per un minuto o due e prendi coscienza di dove ti trovi fisicamente. Alzati gradualmente.

Migliorare la salute fisica attraverso i cambiamenti dello stile di vita

I cambiamenti dello stile di vita possono essere apparentemente semplici, ma sono in realtà strumenti molto potenti quando si tratta di trattare la depressione e l'ansia. Nei casi di alcune persone, un cambiamento dello stile di vita è tutto ciò di cui possono aver bisogno per guarire dalla depressione e dall'ansia. Nel caso in cui una persona abbia bisogno anche di altri trattamenti, fare dei buoni cambiamenti nello stile di vita può aiutare a curare la depressione ancora più velocemente e prevenire che si ripeta. Ecco alcuni cambiamenti che le persone possono provare:

- **Esercizio: I** ricercatori hanno scoperto che esercitarsi regolarmente può essere efficace quanto i farmaci quando si tratta di trattare la depressione e l'ansia. L'esercizio aumenta le sostanze chimiche del cervello che fanno sentire bene, come la serotonina e le endorfine. Queste sostanze chimiche innescano anche la crescita di nuove cellule cerebrali e connessioni simili a quelle degli antidepressivi. La parte migliore dell'esercizio è che non c'è bisogno di farlo intensamente per averne i benefici. Anche una semplice passeggiata di 30 minuti può fare un'enorme differenza nell'attività cerebrale di una persona. Per i migliori risultati, le persone dovrebbero mirare a fare 30-60 minuti di attività aerobica ogni giorno o nella maggior parte dei giorni.

- **Supporto sociale:** Proprio come ho detto prima, avere una forte rete sociale riduce l'isolamento, che è un enorme fattore di rischio nella depressione e nell'ansia. Fai uno sforzo per mantenere un contatto regolare con la famiglia e gli amici (idealmente su base giornaliera) e considera di unirti a un gruppo di supporto o a una classe. Puoi anche scegliere di fare del volontariato, dove puoi ottenere il supporto sociale di cui hai bisogno e allo stesso tempo aiutare gli altri.

- **Nutrizione: La** capacità di mangiare correttamente è imperativa per la salute mentale e fisica di tutti. Mangiando piccoli pasti che sono ben bilanciati durante il giorno, è possibile ridurre al minimo gli sbalzi d'umore e mantenere i livelli di energia. Anche se si possono desiderare i cibi zuccherati per la rapida spinta di energia che possono portare, i carboidrati complessi sono molto più nutrienti. Al contrario, i carboidrati complessi possono fornire una spinta di energia senza un crollo alla fine.

- **Sonno:** Il ciclo del sonno di una persona ha forti effetti sull'umore. Quando una persona non dorme abbastanza, i suoi sintomi di depressione o ansia possono peggiorare. La privazione del sonno causa altri sintomi negativi come tristezza, stanchezza, malumore e irritabilità. Non molte persone possono funzionare bene con meno di sette ore di sonno per notte. Un adulto sano dovrebbe mirare a 7-9 ore di sonno ogni notte.

- **Riduzione dello stress:** quando una persona soffre di molto stress, questo intensifica la depressione o l'ansia e aumenta il rischio di sviluppare disturbi depressivi o d'ansia più gravi. Cerca di fare dei cambiamenti nella tua vita che possano aiutarti a ridurre o gestire lo stress. Identifica quali aspetti della tua vita creano più stress, come le relazioni malsane o il sovraccarico di lavoro e trova il modo di ridurre al minimo il loro impatto e lo stress che ne deriva.

Come prevenire la procrastinazione

Dal momento che la procrastinazione è principalmente costituita dagli stili di pensiero non utili di una persona, la CBT è un'ottima tecnica per sfidarla perché ruota intorno al monitoraggio dei propri pensieri. Il primo passo per usare la CBT per gestire la procrastinazione è semplicemente cercare di essere più consapevoli di ciò che si sta pensando. A causa della nostra società veloce che è fatta di migliaia di decisioni al giorno, molte persone passano attraverso la loro vita quotidiana con il pilota automatico al fine di ridurre al minimo il numero di decisioni che devono prendere. Lo fanno per preservare la loro energia, perché prendere tante decisioni coscienti ogni giorno è estenuante. Se è la prima volta che pratichi la CBT, tutto quello che ti chiedo di fare è solo cercare di essere attento ai tuoi pensieri. Trova dei momenti di pace e tranquillità e presta attenzione a ciò che succede nella tua mente. Ti stai permettendo di essere nel momento presente o stai pensando alle centinaia di cose che devi fare questa settimana?

Dopo aver fatto un po' di pratica, cominceremo a conoscere i modelli e gli stili di pensiero non utili. Le persone che procrastinano spesso hanno adottato numerosi stili di pensiero non utili, che li fanno sentire come se certi compiti fossero estremamente scoraggianti. Combinando la tua nuova consapevolezza con gli stili di pensiero non utili, sarai presto in grado di identificare quando stai esercitando questi stili di pensiero non utili.

Praticare la gratitudine

Un metodo importante per superare la depressione e/o l'ansia è praticare frequentemente la gratitudine. Quando siete in un momento di stress, ansia o depressione, prendetevi del tempo per pensare a tutte le cose della vostra vita che apprezzate. Questo include tutte le cose materiali che hai come la tua casa, il tuo computer che usi sempre, o anche solo il tuo tipo di caffè preferito che hai a casa. Praticare la gratitudine include anche esprimere gratitudine verso le proprie qualità positive. Per esempio, essere grati per la propria forza, la propria intelligenza e qualsiasi altra buona qualità che si sa di avere. Questo metodo è molto semplice e dà alle persone una prospettiva migliore sulla loro vita. Spesso le persone sono bloccate nel momento dell'angoscia e non possono fare un passo indietro per vedere il quadro generale. Togliersi dall'angoscia in un momento e pensare a tutte le cose di cui si è grati di avere fa un'enorme differenza nel cambiare mentalità. Ricordati di essere gentile con te stesso, anche nel momento più buio.

Capitolo 7: Come gestire la rabbia

Nel nostro ultimo capitolo, parleremo della rabbia. La rabbia è un'emozione molto complicata, ed esaminarla più a fondo è estremamente utile quando si tratta di capire i propri sentimenti, perché questo gioca un ruolo importante quando si tratta di capire i propri pensieri ed emozioni.

La rabbia come manifestazione di altre emozioni

La rabbia è un'emozione che si dice sia una manifestazione di molti altri tipi di emozioni. Ciò significa che quando una persona prova rabbia, in realtà sta provando qualcosa di diverso, o una combinazione di altre emozioni. Questa scuola di pensiero dice che la rabbia in sé non è un'emozione genuina. Il ragionamento dietro a questo è che la rabbia è un tipo di carburante che aiuta una persona a fare le cose o ad agire per rimediare ad una situazione, mentre la tristezza o la delusione sono emozioni che potrebbero essere debilitanti e lasciarti a desiderare di non fare altro che stare a letto a piangere. Quando ci sentiamo in questo modo, a volte possiamo provare rabbia invece di tristezza, per esempio, perché allora ci avviciniamo a qualsiasi cosa sia che ci fa sentire così con aggressività ed energia. Quando si prova rabbia, questo sarebbe uno di quei momenti in cui bisogna guardare sempre più in profondità per scoprire cosa si sta veramente provando. Di seguito, esamineremo le altre emozioni che potrebbero manifestarsi come rabbia.

Un'altra ragione per cui la rabbia è spesso una manifestazione di altre emozioni è che le persone spesso la usano per coprire la vulnerabilità che viene con altre emozioni come la tristezza o la paura. Quando una persona è arrabbiata o agisce con rabbia, appare forte o intimidatoria, e la maggior parte delle persone sceglierebbe questo piuttosto che apparire "debole" o vulnerabile. A volte i sentimenti intensi di qualsiasi emozione saranno rapidamente convertiti in sentimenti di rabbia nel tentativo di nascondere o mascherare i sentimenti genuini. Questo può accadere così rapidamente e automaticamente che la persona stessa non lo riconosce nemmeno. Spesso non è facile come dare un'occhiata all'interno per vedere quale emozione si sta provando, ma sfidare se stessi a guardare più in profondità ed essere vulnerabili.

La rabbia è vista come una delle emozioni umane più primitive, poiché risale all'inizio dell'umanità. La rabbia è effettivamente presente nella nostra gamma emotiva per proteggerci dalle minacce percepite. Questo deriva dal tempo in cui gli umani erano cacciatori e avevano bisogno di proteggere le loro famiglie e la loro terra in tempi di guerra e altre tribù. La rabbia è fortemente legata alla risposta di lotta o fuga, quindi questo può dirci perché sentiamo il bisogno di agire immediatamente quando proviamo rabbia intensa. La "lotta" dalla risposta di lotta o fuga non ha bisogno di coinvolgere un alterco fisico, ma può coinvolgere anche la lotta con le parole. Sapere che la rabbia è lì per proteggervi può aiutarvi quando cercate di gestirla, perché potete fermarvi e riconoscere che non avete bisogno di reagire perché non c'è una minaccia alla sopravvivenza come ci sarebbe se fossimo nell'anno 30000BC.

La rabbia come manifestazione della tristezza

Come ho detto, la rabbia è spesso una manifestazione della tristezza. Questa rabbia che si prova aiuta ad affrontare la situazione a testa alta invece di rimanere bloccati sentendosi bassi e immobili. Un esempio di questo è se beccate il vostro partner che vi tradisce. All'inizio, è probabile che proviate una rabbia intensa. Questa rabbia ti permette di correre a casa della persona con cui ti sta tradendo e di affrontarla urlando e chiamandola con ogni sorta di nome. Quello che probabilmente stai davvero provando è una combinazione di intensa tristezza per uno e il tradimento. Una volta che torni a casa dopo questo confronto e ti siedi con te stesso per qualche minuto, la tristezza si insedierà e resterai a casa per i prossimi giorni sentendo i tuoi veri sentimenti di tristezza, incapace persino di giocare con l'idea di andare ad affrontare qualcuno.

La rabbia come manifestazione della delusione

Un'altra emozione che a volte si traveste da rabbia è una delusione. Per esempio, immaginate di avere un'audizione per un film che speravate davvero di ottenere e per la quale avete passato settimane a prepararvi. Se poi scoprite che non avete ottenuto la parte, o qualsiasi parte nel film, l'emozione che proverete più fortemente sarà la delusione. Tuttavia, all'inizio, potresti provare rabbia. Potresti provare rabbia verso le persone che hanno ospitato l'audizione, le persone che hanno ottenuto parti nel film e il tuo agente per averti mandato all'audizione. Questa rabbia può durare per il primo giorno o giù di lì, ma una volta che si dissipa, sarete lasciati con i vostri veri sentimenti di delusione.

La rabbia come manifestazione del rimpianto

Il rimpianto è un'altra emozione che può manifestarsi come rabbia. Quando proviamo rimpianto, possiamo provare rabbia verso noi stessi. In questo caso, possiamo picchiarci dicendo a noi stessi che abbiamo preso la decisione sbagliata, che avremmo dovuto sapere o che siamo stupidi per aver pensato che stavamo prendendo una buona decisione. Se mettiamo da parte questa rabbia e ci guardiamo dentro, potremmo vedere che in realtà stiamo provando rammarico per la situazione. Il rimpianto è spesso accompagnato da tristezza o delusione.

La rabbia come manifestazione di frustrazione

La frustrazione è anche un'emozione che a volte può presentarsi come rabbia all'inizio. La frustrazione è una descrizione abbastanza generica per un'emozione in quanto può essere causata da tante cose diverse e può alla fine portare a sentimenti di odio o altri simili, ma riconoscere che la vostra rabbia può essere invece dovuta alla frustrazione può aiutarvi ad evitare di sfogare la vostra rabbia e invece affrontare i problemi a portata di mano che vi stanno facendo sentire frustrati.

La rabbia come manifestazione della paura

Probabilmente avete visto o sentito voi stessi quanto velocemente la paura possa trasformarsi in rabbia. Per esempio, se qualcuno vi spaventa entrando in una stanza dove state lavorando tranquillamente, potreste inizialmente provare paura e poco dopo provare rabbia verso quella persona per avervi spaventato. Se vi fermaste a pensarci, vi rendereste conto che provare rabbia nei loro confronti non è giustificato, dato che non hanno fatto nulla per farvi del male intenzionalmente e che essere spaventati è spaventoso ma non rappresenta un danno effettivo per voi. Questo esempio è abbastanza comune e anche semplice. Questo può accadere con situazioni più minacciose che ti fanno sentire spaventato, come perdere qualcosa o pensare di aver perso il tuo partner in un luogo affollato, per esempio.

Questo è un esempio molto comune di come la rabbia può essere l'emozione di superficie ma non è la radice del sentimento. Chiedendosi "perché questo mi ha fatto arrabbiare?" si può scoprire che si è davvero spaventati e non arrabbiati.

Il grande male dei sentimenti repressi

Oltre a quelle descritte sopra, ci sono altre emozioni che possono presentarsi inizialmente come paura. Queste includono il tradimento, l'umiliazione, il rifiuto e così via. Pensare ad un iceberg aiuta ad illustrare più chiaramente questo concetto. La punta dell'iceberg è la rabbia. Questa è l'unica parte dell'iceberg che può essere vista. Sotto la superficie dell'acqua, però, ci sono tutte le altre emozioni come la paura, il senso di colpa, il rimpianto, eccetera. La parte che mostriamo al mondo è la rabbia, ma sotto la superficie, la realtà è che ci sono molti altri modi più accurati per descrivere l'emozione.

Quello che potete fare se sentite la rabbia come una manifestazione di altre emozioni è guardarvi dentro e cercare di raggiungere la vera emozione che c'è. Facendo questo, sarete in grado di affrontare i sentimenti di tristezza o di rimpianto e di affrontarli di petto. Questo ridurrà il tempo in cui vi sentirete negativi perché la rabbia e poi il rimpianto saranno più duraturi che se vi lasciaste semplicemente sentire il rimpianto e lo affrontereste subito.

Il problema di sentire la rabbia invece delle emozioni che si stanno realmente provando è che la rabbia spesso porta a sfoghi o a dire cose che non si intende dire. Se provate rabbia, potreste chiamare le persone con dei nomi, dire cose come "ti odio" o "non venire mai più qui" solo per poi rendervi conto che stavate agendo con rabbia quando in realtà non era quello che volevate fare o dire.

Reprimere i propri sentimenti può avere altre conseguenze negative, come effetti negativi sulla salute. I sentimenti di rabbia intensa in realtà influenzano la pressione sanguigna, aumentando la frequenza cardiaca e rilasciando adrenalina, l'ormone della lotta o della fuga. Questo porta il tuo corpo a fare dei cambiamenti in preparazione alla lotta o alla fuga, compreso l'arresto della digestione, l'allargamento delle pupille e l'invio di sangue agli arti. È a causa di questa risposta che si fa fatica a pensare nei momenti di rabbia intensa - tutto il flusso di sangue va alle braccia e alle gambe invece che al cervello. Inoltre, essere arrabbiati per molto tempo o avere attacchi ricorrenti di rabbia intensa può portare a indigestione perché il sistema digestivo continuerà ad accendersi e spegnersi in risposta a questa scarica di adrenalina.

Autocontrollo della rabbia

Usando NVC in primo luogo, è possibile evitare i sentimenti di rabbia che spesso sorgono quando si verifica una lotta o un confronto. Usando NVC, sei in grado di arrivare subito al punto della questione invece di ribollire di rabbia perché tu e l'altra persona state cercando di insultarvi a vicenda. Ci saranno momenti, tuttavia, in cui la rabbia sorge indipendentemente da come avete affrontato una situazione. Per quelle volte, questo capitolo vi sarà d'aiuto per assicurarvi che non finirete per agire in modi di cui potreste poi pentirvi.

I modi più efficaci per controllare la rabbia coinvolgono il rilassamento. Se vi sembra di arrabbiarvi troppo spesso e il problema non è tanto il livello di rabbia quanto il ritmo con cui si ripresenta, provare a praticare tecniche di rilassamento si rivelerà molto utile. Una tecnica di rilassamento facile e veloce è quella di ricordarsi di rilassarsi. Ricordare semplicemente che questo è l'obiettivo vi aiuterà a fermarvi e a pensare alle tecniche che sono immagazzinate in fondo alla vostra mente, dandovi il tempo di richiamarle. Questo non solo vi aiuterà a rilassarvi, ma vi distrarrà momentaneamente dalla vostra rabbia. Poi, quando la ricorderete, potreste non sentire che è così intensa come pensavate all'inizio.

Quando la rabbia si impadronisce del vostro corpo, può essere difficile pensare chiaramente o razionalmente, ed è spesso senza pensare che agiamo. Per ottenere l'autocontrollo in questi momenti, ci sono diverse tecniche che si possono provare per assicurarsi di non sfogare la rabbia quando ci si sente veramente tristi.

Tecniche di gestione della rabbia

Per chiudere questo capitolo, presenterò diverse tecniche di gestione della rabbia che vi aiuteranno in quei momenti in cui vi sentite arrabbiati, e tutto quello che volete fare è agire con rabbia. Se sei una persona che tende ad agire sui tuoi sentimenti di rabbia con l'aggressione, gli scoppi verbali, o anche la violenza fisica, queste tecniche si rivelerà molto utile nel vostro viaggio per trattare il vostro disturbo di ansia o depressione.

1. Contando

Quando senti dentro di te la rabbia che ti fa ribollire il sangue, conta fino a dieci o cinquanta, secondo il tuo livello di rabbia. Se siete estremamente furiosi, arrivate a cento. Questa tecnica è utile per darti il tempo di calmarti fisicamente. La tua frequenza cardiaca rallenterà fino a un livello normale e anche le tue risposte di adrenalina si placheranno. Questo ti permette di fare un passo indietro e pensare più chiaramente.

2. Respirazione

Quando sei arrabbiato, il tuo respiro diventa corto e superficiale. Quando ti senti arrabbiato, concentrati sul tuo respiro rallentandolo e facendoti fare respiri lunghi e profondi. Inspira dal naso ed espira dalla bocca. Concentrandoti sulla tua respirazione, ti aiuta a calmarti e a dare al tuo cervello l'ossigeno di cui ha bisogno per pensare chiaramente.

3. Mantra

Avere un mantra può sembrare una fata un po' ariosa se di solito non sei uno che usa questo tipo di cose, ma si dimostra abbastanza utile nei momenti di intensa emozione. Un mantra è una parola o una frase che si ripete, che ha lo scopo di aiutarvi a concentrarvi nella meditazione. Nella vita quotidiana, però, aiuta a riportare la coscienza al momento, proprio come fa la meditazione. Il tuo mantra può essere qualsiasi cosa, come "rilassati", "sei al sicuro", o qualsiasi cosa che ti aiuti a calmarti in quel momento. Decidi il tuo mantra in un momento di calma e tranquillità in modo che sia lì in fondo alla tua mente quando ne avrai bisogno in un momento di rabbia.

4. Stretching

Lo stretching è una buona pratica per i momenti di rabbia intensa perché aiuta a riportarvi con i piedi per terra. Vi riconnette con il vostro corpo e i vostri muscoli, il che vi aiuterà a riportarvi al momento e vi aiuterà con il vostro flusso sanguigno. Qualsiasi stiramento va bene, gli allungamenti del collo, delle gambe o delle spalle sono ottimi.

5. Visualizzare

Questo è un ottimo strumento per quando è difficile controllare la rabbia. Vai in un posto tranquillo e mettiti comodo. Chiudete gli occhi e visualizzate la vostra scena ideale di relax. Immaginate di essere lì. Immagina le viste, gli odori, i suoni e le sensazioni che proveresti. Facendo questo, state ingannando il vostro cervello a pensare di essere in questa scena, il che vi porterà sensazioni di rilassamento, gioia e conforto.

6. Fermare

Se stai avendo uno sfogo o stai urlando tutto ciò che non avresti detto se non fossi stato così arrabbiato, fai in modo di smettere di parlare. Incollati le labbra e non permetterti di aprirle per qualche minuto. Questo tempo in cui non puoi permetterti di sputare fuori una sfilza di parole che non intendi, ti darà un po' di tempo per pensare prima di decidere cosa vuoi dire o fare.

7. Esercitare

L'esercizio fisico fa grandi cose per il tuo corpo, specialmente nei momenti di rabbia intensa. Le sensazioni positive di "sballo del corridore" che si ottengono dopo aver fatto esercizio, aiuteranno a dissipare un po' della vostra rabbia. Inoltre, mettere la vostra rabbia in palestra vi aiuterà a imbrigliare e a sfogare la vostra rabbia in modo sano.

8. Scrivere

Ci sono probabilmente molte cose che vorresti dire, ma che sai che farebbero più male che bene, specialmente se le dici in un momento di rabbia. Scrivi queste cose. In questo modo, state ancora esprimendo voi stessi e la vostra rabbia, ma non state facendo del male a nessuno o alle vostre relazioni. Questo ti aiuta ad elaborare le tue emozioni e può aiutarti ad esaminarle da lontano per decidere il miglior corso d'azione.

9. Sproloquio

Sproloquiare con qualcuno che non è coinvolto nella situazione può aiutarti a esprimerti senza offendere qualcuno che è coinvolto e rischiare di danneggiare la tua relazione. Sproloquiare in modo sano con una terza parte è utile per permetterti di esprimerti ed elaborare la situazione e i tuoi sentimenti al riguardo.

10. Ridendo

Ridere può effettivamente aiutare a diffondere la tua rabbia. Ridere è una forte medicina, quindi farsi una risata quando si provano sentimenti intensi di rabbia può aiutare a rilassarsi un po' e a fare un passo indietro. Guardare un programma divertente, parlare con un amico che ti fa ridere o scorrere internet alla ricerca di contenuti divertenti sono tutti modi per farlo.

Conclusione

Voglio che vi diate una pacca sulla spalla per aver preso l'iniziativa di imparare di più su come trattare i disturbi mentali. Questo non è un compito facile perché quando una persona soffre dei sintomi di disturbi comuni come l'ansia o la depressione, è difficile che riesca a pensare in modo chiaro e strategico. Il fatto che tu abbia trovato la motivazione non solo per acquistare e leggere questo libro, ma anche per finirlo, è un risultato enorme. Hai imparato in profondità la terapia cognitiva comportamentale e come può essere usata per trattare l'ansia e la depressione. Questo è uno dei risultati più importanti perché la CBT è in grado di fornire alle persone gli strumenti giusti per combattere i propri pensieri negativi.

Affinché tutte le conoscenze che hai imparato in questo libro funzionino, devi essere coerente con la pratica della CBT. La maggior parte delle persone non vede visibilmente gli effetti della CBT fino a 4 - 5 settimane, e quindi è necessario prestare attenzione a non mollare. Iniziare sempre lentamente e ottenere il patto di base. Inizia semplicemente prestando più attenzione ai tuoi pensieri, e lentamente sarai in grado di vedere i modelli del tuo pensiero negativo. Nel momento in cui sarete in grado di rendervene conto, potrete iniziare a interrompere il vostro pensiero negativo. La parte più difficile dell'intero processo CBT è cambiare la tua mente dall'essere col pilota automatico al prestare attenzione ai pensieri. L'atto di farlo è faticoso ed è per questo che alcune persone non trovano successo con la CBT quando non fanno pratica. Tuttavia, la mente e il cervello sono una funzione molto malleabile nel corpo. È letteralmente fatto per adattarsi a qualsiasi cosa sia più sana e migliore per il tuo corpo. Facendo pratica e prestando attivamente attenzione ai tuoi pensieri, le tue abitudini cominceranno a cambiare e comincerai lentamente a vedere gli errori dei tuoi stili di pensiero.

Diamo un'occhiata a tutto ciò che abbiamo imparato finora; questo sarà importante per farvi assorbire tutti i concetti e le informazioni nel loro insieme. Abbiamo iniziato questo libro imparando semplicemente la CBT e come funziona. Abbiamo anche paragonato la CBT ad altri tipi di terapia, così puoi vedere perché è diversa dai metodi tradizionali di terapie di parola. Dopo di che, abbiamo studiato a fondo i disturbi d'ansia e di depressione e abbiamo imparato i diversi tipi di ciascuno e i sintomi. Se non eri sicuro di avere o meno uno di questi disturbi, ora dovresti avere un'idea migliore. Tuttavia, tieni presente che solo un professionista autorizzato può fare una diagnosi corretta. Se avete il sospetto di avere questi disturbi, andate da un professionista della salute per ottenere una diagnosi professionale. Dopo di che, abbiamo imparato i benefici e gli svantaggi della CBT. In quel capitolo, dovrebbe averti dato un'idea se la CBT sarebbe il giusto metodo di trattamento per il tuo caso individuale. Di nuovo, solo un professionista della salute potrebbe diagnosticare il tuo disturbo, ma se hai una malattia mentale più grave, la CBT potrebbe non essere sufficiente da sola a curarti correttamente. Nei prossimi capitoli, hai imparato come puoi usare la CBT per gestire l'ansia e la depressione. Hai imparato a conoscere i diversi stili di pensiero non utili e i modi in cui puoi interrompere il tuo processo di pensiero quando ti ritrovi ad esibire quei comportamenti negativi. Sappiamo che la CBT è efficace, ma spesso è più efficace quando è associata ad altri trattamenti. Abbiamo poi imparato come la meditazione, i cambiamenti nello stile di vita, la riduzione al minimo della procrastinazione e la pratica della gratitudine siano metodi eccellenti da praticare insieme alla CBT. Infine, abbiamo passato un capitolo ad imparare la gestione della rabbia e le diverse tecniche per aiutarci a gestirla. Quando la rabbia non viene tenuta sotto controllo e non viene adeguatamente riconosciuta, è probabile che si manifesti in problemi più grandi.

Nel complesso, questo libro ha coperto ogni argomento nell'ambito della CBT e dei disturbi che potrebbe trattare. Tuttavia, so che farsi curare correttamente usando la CBT è più che praticare le sue tecniche e impararle. E' importante conoscere la scienza e il background dietro i tuoi disturbi mentali e capire appieno perché la CBT funziona come funziona. Quando le persone provano ciecamente i trattamenti senza una comprensione di ciò che sta accadendo, c'è una maggiore probabilità che possano abbandonare il trattamento se lo ritengono fallimentare entro i tempi stabiliti. Tuttavia, se si riesce a capire cosa sta succedendo esattamente sullo sfondo, è più probabile che si rimanga impegnati in quanto si comprende il processo. Questo è il motivo per cui è così importante non solo conoscere i disturbi mentali come l'ansia e la depressione, ma anche capire le proprie lotte individuali e trovare la giusta serie di trattamenti da utilizzare. Abbiamo menzionato in tutto questo libro che la CBT non è una misura unica, è necessario praticarla e perseguirla nel proprio modo individuale e combinarla con altri metodi al fine di generare i risultati più efficaci.

Vorrei ringraziarvi per il vostro impegno a leggere fino alla fine e a conoscere tutto ciò che è necessario per superare qualsiasi disturbo mentale con cui state combattendo. Non è un viaggio facile, ma è un viaggio che vi aiuterà a vivere la vita più sana e felice. Quindi, se mai vi trovate a sentirvi giù o vi trovate di fronte a una situazione molto ansiosa, provate a fare un passo indietro e a ricordare le teorie e i metodi che avete imparato in questo libro. Ricorda che sei molto più attrezzato dopo aver studiato a fondo i disturbi mentali e la CBT. Non sei più la stessa persona, e hai nuove e forti conoscenze su come superare le situazioni di cattiva salute mentale. Tenetelo sempre a mente andando avanti. Le conoscenze di questo libro saranno strumenti che potrete usare per sempre per mantenere la vostra mente e il vostro corpo sani e felici.

Descrizione

Sapevate che in tutta la nostra popolazione mondiale, 450 milioni di persone soffrono quotidianamente di qualche tipo di disturbo mentale? I disturbi mentali più comuni con cui le persone lottano ogni giorno sono la depressione e l'ansia. Sei qualcuno che si sente sempre oppresso dai suoi disturbi mentali? Ti senti come se fossi trattenuto dal tuo pieno potenziale? Ti senti bloccato e stai lottando per uscire da questo crollo? Se ti identifichi con questo, allora questo libro può aiutarti non solo a imparare la Terapia Cognitivo Comportamentale per trattare i tuoi disturbi, ma ti doterà anche della giusta conoscenza per capire cosa sta succedendo e perché. Milioni di persone rinunciano ai loro trattamenti di salute mentale ogni anno perché pensano che non sia efficace, o che non funzioni abbastanza velocemente. Ebbene, il trattamento della salute mentale è una questione complicata, e non è una taglia unica. Anche se è vero che la terapia cognitivo-comportamentale ha dimostrato di essere il trattamento più efficace per la maggior parte dei disturbi mentali, è fondamentale imparare il più possibile sulla propria salute mentale, e da lì, applicare i propri metodi CBT per trattare correttamente la propria situazione individuale. Questo libro sarà in grado di aiutarvi in questo armandovi con le informazioni dei seguenti argomenti:

- La storia della terapia cognitivo-comportamentale
- Gli usi moderni della CBT
- Come funziona la CBT
- Disturbi d'ansia, cause e sintomi
- Disturbi della depressione, cause e sintomi
- I vantaggi e gli svantaggi di scegliere la CBT come trattamento
- Come usare la CBT per gestire l'ansia e/o la depressione
- Altri metodi che aiutano anche a gestire l'ansia e/o la depressione
- Come gestire la tua rabbia

È stato dimostrato che la CBT è efficace fino al 75% delle persone che la usano come trattamento. Infatti, il livello di efficacia sale fino al 90% se viene combinata anche con altri metodi. Questo libro vi insegnerà come applicare la CBT al vostro caso individuale di salute mentale, e vi insegnerà anche altri metodi che aiutano a trattare i disturbi mentali. Combinando la CBT con altri trattamenti come la meditazione e il miglioramento dello stile di vita, l'efficacia dell'intero insieme di trattamenti aumenta in modo significativo.

La maggior parte delle persone nella nostra società oggi si sbaglia sui disturbi della salute mentale. La gente pensa che tutti quelli a cui viene diagnosticata una malattia debbano prendere dei farmaci per trattarla correttamente. Anche se questo è vero nei casi gravi di disturbi mentali, molti disturbi mentali possono essere ben gestiti e prevenuti praticando la CBT e altre forme di trattamento. A differenza della maggior parte dei farmaci per la salute mentale, la CBT ha effetti collaterali minimi o nulli ed è molto più duratura. Ci vogliono più di 6 settimane per sentire gli effetti dei farmaci, mentre le persone affermano che entro 8-15 sessioni di CBT, cominciano a sentirsi molto meglio. Questo per dire che la CBT è un tipo di trattamento a basso rischio e alta ricompensa. Quindi, se siete qualcuno che sta cercando di ottenere una migliore salute mentale e di imparare a gestire correttamente e in modo sicuro la vostra ansia o depressione, non cercate oltre. Acquista la Terapia Cognitivo Comportamentale oggi e inizia a guarire te stesso.

www.ingramcontent.com/pod-product-compliance
Lightning Source LLC
Chambersburg PA
CBHW060506030426
42337CB00015B/1766